葱姜蒜 加工与贮藏技术

毛晓英　吴庆智　著

中国农业出版社
北　京

前言

　　葱姜蒜自古以来一直是人们餐桌上美味的佐料。伴随着人们对葱姜蒜功能性、营养性、多样性的需求增加，其产品深加工的重要性和迫切性在我国逐渐成熟的市场经济中日益凸显。随着改革开放的深入和现代化建设的不断发展，我国农业和农村经济正在发生新的阶段性变化，葱姜蒜的种植规模逐渐扩大。因此，发展葱姜蒜加工对提高农民、企业和地方的经济效益都具有极其重要的意义。然而，面对日益扩大的农村种植业，葱姜蒜产品的加工也逐渐扩大。为此，编者立足实践，编写了《葱姜蒜加工与贮藏技术》。本书可供广大的农业基层管理者、农业技术推广人员、从事葱姜蒜加工的企业、研究人员及大专院校师生参考。

　　本书共有九章内容，较为详细地介绍了葱的加工与贮藏技术、姜的加工与贮藏技术、蒜的加工与贮藏技术等特色加工技术。本书由石河子大学毛晓英老师，以及石河子开发区神内食品有限公司吴庆智高级工程师撰写。由毛晓英负责统稿。本书坚持介绍农业新技术，引导健康新生活。并力争做到知识性、通俗性、实用性、趣味性相统一。

　　由于编者水平有限，难免有些错误，在此，编者希望本书能够给读者带来实用的技术和新的思路，为广大葱、姜、蒜加工企业和个人以及研究人员提供技术指导。

目录

前言

概　　述

葱姜蒜是我国广泛栽培的重要蔬菜，在蔬菜产业发展中占有重要地位，我国是世界上最大的葱姜蒜生产和出口国。保持葱姜蒜产业又好又快发展，具有重要现实意义。

一、中国葱姜蒜产业发展现状

中国葱姜蒜产业发展的基本现状是：生产规模大、年际间稳定性差；出口贸易量多，产品价位低；单产水平高，标准化生产技术滞后；地方名产品种多，适合出口和加工的专用品种少；加工技术落后，产后附加值低。科学研究分散，尚未形成行业系统技术体系。

（一）葱姜蒜生产规模大，年际间稳定性差

中国是世界上葱姜蒜生产面积最大的国家。据有关部门统计，中国葱姜蒜年生产面积约计 160 万公顷（葱 65 万公顷，姜 15 万公顷，蒜 80 万公顷），占世界葱姜蒜生产面积的 60％以上。

葱姜蒜是全国广泛栽培的大宗蔬菜作物。葱姜蒜生产面积与产量约占全国蔬菜总面积、总产量的 10％以上。

葱姜蒜生产面积和产量年际间变化较大。据山东省农业技术推广总站统计，2004 年山东省大葱生产面积约 11.5 万公顷，总产 454.8 万吨；2006 年山东省大葱生产面积约 16.4 万公顷，总产 749.7 万吨。两年之间的面积、产量差异分别高达 29.6％和 60.6％。年际间大幅度的变化，不利于稳定产品价格和市场供应，不利于稳定农民收入和产业的平稳发展。

（二）出口贸易量大，产品价位低

中国葱姜蒜年出口贸易量约 150 万吨，占全国蔬菜出口贸易总量的 25％左右，占世界葱姜蒜贸易总量的 70％以上。我国葱姜蒜出口贸易量位居各类蔬菜之首，居世界葱姜蒜出口贸易量第一。

由于我国葱姜蒜出口产品在质量、安全、技术等方面与国际市场的需求还有一定的差距，所以在国际市场上的价位偏低。据有关部门统计，我国出口贸易的葱姜蒜产品，多为初级低端产品，产后精选、分级、包装加工落后、质量稳定性差、无序竞争严重，在国际市场的价位较低，有的产品价格还不到国际高档价位的 1/3。

（三）单产水平高标准化生产水平低

我国葱姜蒜生产多采取精耕细作，单产水平高于世界平均产量。如大蒜世界平均单产 9.5 吨/公顷，山东省的大蒜平均单产 21 吨/公顷，山东省的大蒜单产高出世界平均单产水平的 1 倍以上。但是，我国的葱姜蒜标准化生产水平低，产品安全卫生质量不高。据潍坊出入境检验检疫局介绍：我国出口到印尼的大蒜被检测出 6 种害虫和螨类，我国出口到印度的大蒜被检测出不同的真菌。目前，已有 25 个国家提出对进口我国大蒜进行检疫处理的要求。自 2006 年 5 月 29 日日本实施"肯定列表制度"以来，我国出口日本的生姜经检测违反率超过 5％以上。我国出口美国的生姜被检出涕灭威的个案，严重影响我国出口葱姜蒜产品的形象。

（四）地方名产品种多，适合出口、加工的专用品种少

我国栽培葱姜蒜历史悠久，在长期的栽培驯化和选择过程中，形成了众多的地方品种和名特产。但是，随着葱姜蒜出口和加工产业的发展，我国长期栽培的地方优良品种，还不能完全满足国际市场和加工工艺的需求。如，我国的大葱品种多数葱白紧实度差，耐储性较差；我国的大蒜品种多数蒜瓣偏小，蒜瓣大小整齐度差；我国的生姜品种类型较少等，缺少适合出口和加工的专用品种。

（五）加工技术落后，产业整体效益低

我国的葱姜蒜加工产品种类较少，葱姜蒜主要以速冻和干制加工为主。出口主要是初级产品，产品附加值较低，产业整体效益不高。据统

计，世界发达国家农产品的产后附加值占70%左右，初级产品价值不到产业整体效益的1/3，产业整体效益的大头在产后增值部分。由于我国葱姜蒜产品附加值较低，制约了产业整体效益的提升。

(六)科学研究分散尚未形成行业统一技术体系

我国的农业科研体制，在长期的计划经济体制下形成的条块分割、资源分散、低水平重复、分工不明、协作不力等问题，严重制约着我国农业科技创新能力和效率提升，也严重制约我国葱姜蒜产业的发展。科学研究小而散、缺乏系统性、单项技术研究多、行业系统技术研究少、没有将单项技术研究与行业系统技术研究相兼顾，无法形成一套完整的行业系统技术体系，严重影响了科研成果的推广应用和行业整体技术水平的提高。

二、中国葱姜蒜产业发展展望

(一)葱姜蒜产业是我国的优势产业，在国际蔬菜贸易中具有良好的发展前景

葱姜蒜是我国目前主要出口创汇蔬菜，出口量约占我国蔬菜出口总量的1/4，占世界葱姜蒜出口贸易量的70%以上。我国在葱姜蒜产业发展方面，占有生产规模、人力资源等独特优势，是其他国家所不具备的。

葱姜蒜生产属于劳动和技术密集型产业。近年来，多数发达国家蔬菜生产弱化，进口增加。因此，全球蔬菜进出口贸易额将不断增加。我国是传统葱姜蒜出口国，劳动力资源充足，生产优势明显，为我国葱姜蒜产业的发展提供了良好的机遇。随着人们生活水平的不断提高，对安全保健型的葱姜蒜产品的需求将不断增加。葱姜蒜营养丰富，药用保健型价值较高，越来越受到国内外消费者的青睐，有广阔的市场空间和发展潜力。

(二)加快葱姜蒜标准化生产的发展

农产品质量安全是世界人们普遍关心的热点问题，也是现代农业发展的重点。标准化生产是确保农产品安全、保证和稳定农产品质量、提高农产品生产效益的重要途径。因此，葱姜蒜标准化生产必定得到较快发展。

（三）葱姜蒜加工产品日益增多，用途越来越广泛

葱姜蒜是一种集调味品、食品加工原料和药用原料为一体的多用途蔬菜。目前，我国葱姜蒜加工品主要为技术附加值较低的初加工产品，如速冻葱花、干制葱段、姜干、姜粉、糖姜片、盐渍蒜头、糖醋蒜头、脱水蒜片等。美国、日本等发达国家以葱姜蒜为原料生产的药用保健品，生姜、大蒜有效成分的分离、提取与产业化生产，生姜精油、姜黄素、姜蛋白等精深加工产品正逐渐在食品工业、医药工业广为应用。葱姜蒜深加工产品日益增多，用途越来越广泛。

第一章

葱的生物学特性

第一节　葱的分类

葱属于百合科葱属，多年生宿根草本植物。关于原产地，已不可考察。中国的葱在 16 世纪传入美国。根据记载，日本的葱是由中国经朝鲜半岛传入的，而今罗马尼亚等许多国家都引种中国的葱。

按照葱的形态，我们一般将其分为洋葱、香葱、汉葱、羊角葱和茗葱五种类型。

一、洋葱

（一）洋葱的起源

原名胡葱，又叫圆葱、球葱、洋葱、玉葱等。以肉质鳞片和鳞芽构成鳞茎供食用。洋葱原产中亚，伊朗、阿富汗均有野生分布；近东和地中海沿岸为第二原产地。洋葱的栽培已有 5000 多年的历史，古埃及在公元前 3200 年已有食用洋葱的记载，之后传到地中海沿岸国家，又传到美国、日本。目前洋葱是欧美国家的主要蔬菜之一。现国内外均广泛栽培供食用，洋葱的鳞茎近球形或扁球形，很像蒜，叶呈圆筒状而中空，鳞茎除有紫红色外皮外，也有黄色和淡黄色的品种，故被喻为"金灯"，《本草图经》中有对洋葱"根若金灯"的描述。

洋葱栽培的起源很古老，其原种已不存在，因而原产地学说很多，现在最可信的是产于亚洲西南部伊朗、阿富汗等地，很早以前就传入新疆，与胡萝卜一起作为当地抓饭中的常备调味料。唐朝时，洋葱由新疆（当时尚属西域界）传入中原，而称为"胡葱"，古代称它"浑提葱"，直到 20 世纪初，才开始大量引种栽培，此葱为 8 月栽种，次年 5 月采收上市。

20 世纪初洋葱传入我国，先在南方沿海地区种植，逐渐传到北方。有文字记载种植洋葱的历史不足 100 余年。我国洋葱的主要产地在西北、东北和华北等地，主要消费地是东北和西北。这与西北、东北等地气候寒冷、蔬菜露地生长期较短，需要有耐贮藏的蔬菜周年供应有很大关系。洋葱的产量很高、很耐贮运、适应性很强。因此，国内栽培极为普遍。由于种植洋葱历史较短，多数人尚无食用习惯，所以栽培面积不大。

近年来，国际医学界发现洋葱有抑制癌症的药用价值。因此，国际上洋葱消费量剧增。多数经济发达国家的人工工资激增，人们不屑于种植类似洋葱这类经济效益不高的作物，于是各国的进口量大大增加。在这种形势下，我国也成了洋葱出口国之一。随着国内科学知识的普及，洋葱的国内销量也在增长。在改革开放的浪潮中，洋葱又以其耐贮运的特性成了国内长途流通的蔬菜之一。因此，洋葱在国内的生产面积和总产量有较大幅度的增加。

近年来，不但欧美等国家大量进口洋葱，而且韩国、日本、新加坡也一改过去自给自足或出口局面，大量进口洋葱。在国际市场畅销的形势下，泰国、巴基斯坦等发展中国家竞相增加出口量。而我国目前洋葱的出口量却徘徊不前。为了促进我国洋葱的出口量，应积极调整生产结构，充分利用我国丰富的自然资源，加大对洋葱产业的投入和技术支持，抓住有利时机，大力发展洋葱产业。洋葱可作为蔬菜炒食、汤食，亦可代替大葱，作为蔬菜的调味品，食用方法多样。洋葱有独特的辛香风味，炒食后，风味诱人。洋葱的营养价值很高。每 100 克鲜洋葱含蛋白质 1 克、脂肪 0.3 克、粗纤维 0.5 克、钙 12 毫克、磷 46 毫克、铁 0.6 毫克、维生素 C 14 毫克、烟酸 0.5 毫克、核黄素 0.05 毫克、硫胺素 0.08 毫克、胡萝卜素 1.2 毫克，可产生热量 130 千焦。此外，还含有桂皮酸、咖啡酸、阿魏酸、芥子酸、多糖 A、多糖 B、槲皮素及多种氨基酸和挥发性大蒜素等。

洋葱味甘微辛，性温，有平肝、润肠的功能，可促进食欲和治疗多种疾病。洋葱可减少血栓，有降血脂、降血压、减少动脉硬化的作用；还能杀菌治痢疾，治疗创伤、皮肤溃疡和阴道滴虫。近年来医学研究表明，洋葱还可以抑制几种肿瘤的形成和扩散。多种因素表明，洋葱在我国是大有发展前途的蔬菜。

（二）洋葱的类型

洋葱的类型按鳞茎形成对日照长度的要求，可分为长日照和短日照两种类型。长日照品种每天需 14 小时以上光照，一般早熟能形成鳞茎；短日照品种每天仅需 11.5～13 小时光照。晚熟品种多为长日照型。

按照鳞茎形成的特性，洋葱可分为普通洋葱、分蘖洋葱、顶球洋葱。

（1）普通洋葱。每株形成一个鳞茎，个体大，品质佳，能正常开花结实，种子繁殖。我国栽培的多为此种。此类品种按皮色又分为红皮洋葱、黄皮洋葱和白皮洋葱三种。

①红皮洋葱。鳞茎圆球或扁圆形，紫红至粉红色。辛辣味较强。丰产、耐藏性稍差，多为中晚熟品种。

②黄皮洋葱。鳞茎扁圆、圆球或椭圆形，外皮铜黄或淡黄色，有褐色纵纹。肉微黄色，味甜而辛辣，品质佳。鳞片含水少，休眠期长，耐贮藏。产量稍低，多为中、晚熟品种。

③白皮洋葱。鳞茎呈扁圆或近圆形，外皮厚，白色，肉质白色，柔嫩细致，品质极佳。辣味较淡，水分多，不耐贮运。多为早熟品种，在短日照条件下形成鳞茎，易先期抽薹。

（2）分蘖洋葱。植株叶片生长期形成若干分蘖，每个分蘖形成一个鳞茎，每株可形成 10 余个鳞茎。鳞茎大小不规则，丛生，产量低，品质差，耐贮藏，极抗寒。可用种子，亦可用小鳞茎繁殖。

（3）顶球洋葱。营养生长期间可正常形成鳞茎，仅在花茎上形成 7～10 个气生小鳞茎，抽薹不开花结实，可供繁殖，也可腌渍加工食用，该种类型极抗寒。

（三）目前国内经常利用的品种

（1）熊岳圆葱。是由辽宁省熊岳农业高等专科学校育成的品种。植株高 70～80 厘米，叶色深绿，有叶 8～9 片，洋葱扁圆形，横径 6～8 厘米，纵径 4～6 厘米，单球重 130～160 克，大者达 400 克以上。外皮橙黄色，有光泽，内鳞片乳白色，肉质细密，味甜而脆。该品种早熟，生长快、高产、稳产、适应性强，较耐贮藏，在常温下可贮藏 9 个月很少发芽。该品种适于我国广大北方地区种植。

（2）东北黄玉葱。东北地方品种。鳞茎近圆球形，外皮黄色。单球重150～200克，品质较好，抗病力稍弱。

（3）天津荸荠扁洋葱。天津市南郊区地方品种。株高37厘米，叶色深绿，鳞茎扁圆形，横径7厘米，纵径5厘米，外皮黄褐色，鳞片黄白色，单球重70克左右。肉质细嫩，水分少，品质好，辛辣味浓。该品种耐寒、耐热、稍耐盐碱、耐贮运，不易抽薹，每公顷产量22 500千克以上。

（4）南京黄皮洋葱。南京市地方品种。鳞茎扁圆球形，外皮黄色，肉质白色。单球重200～300克，肉质致密，味甜，品质佳。耐贮藏，产量高。

（5）北京黄皮洋葱。北京市地方品种。鳞茎扁圆至高桩圆球形，纵径4.5～5.7厘米，横径7～9厘米，颈部较细，约粗2厘米，单球重150～200克。外皮黄白色。肉质细嫩，纤维少。辣味较小，品质较佳，耐贮藏。

（6）北京紫皮洋葱。北京市地方品种。全株有管状叶8～10片，深绿色，叶面有蜡粉。鳞茎扁圆形，外皮紫红色，纵径5～6.5厘米，横径7.5～9厘米，单球重150～200克。鳞茎颈部较粗，鳞片浅紫红色。肉质略粗，肥厚多汁，纤维稍多，味辣。该品种熟期稍晚，不耐贮藏，但产量较高，每公顷产量30 000～37 500千克。

（7）高桩红皮洋葱。是陕西省农业科学院蔬菜研究所从西安三桥红皮洋葱中选育出来的品种。植株生长健壮，洋葱大，外皮紫红色，扁圆形，高桩，纵径7～8厘米，横径9～10厘米，单球重150～200克，最大重500克。肉质细嫩，白色，有辣味，品质佳，产量高。

（8）上海红皮洋葱。上海市地方品种。鳞茎扁圆形，外皮紫红色。单球重200克左右。肉质肥厚致密，味稍辣。

（9）零陵红皮洋葱。湖南省零陵地方品种。洋葱扁圆形，大小适中，外皮紫红色，味甜，香味浓，品质佳。每公顷产量30 000～37 500千克。

（10）淄博红皮圆葱。山东省淄博市地方品种。株高50厘米，生长势强。鳞茎表面呈紫红色，近圆球形，直径约7厘米，高5厘米，肉白色，单球重250克左右，味辛辣，香气浓。该品种先期抽薹率低，耐肥水，耐贮藏，产量高，每公顷产量 60 000～75 000 千克。

（11）白皮洋葱。白皮洋葱中目前利用较多的是武汉白皮、日本白皮、美国白皮等。美国白皮洋葱是国内主要出口品种，纺锤形，单球重 300～400 克，外皮近白黄色，质地细嫩，辣味少，产量高，不耐贮藏。

（12）美国黄皮洋葱。从美国进口的杂交一代品种。表皮黄色，鳞茎纺锤形，单鳞茎重 300～400 克。产量很高，不耐贮藏。每公顷产量 75 000～100 000 千克，主要用于出口。

（13）富士中生。从日本进口的杂交一代品种。表皮白色，稍带绿色纵条纹。鳞茎纺锤形，单鳞茎重 300～400 克。产量很高，品质好，不耐贮藏。每公顷产量 75 000～100 000 千克。

二、香葱

香葱又名细香葱、大葱、四季葱、冬葱，此种葱不开花结子（野生香葱则可开花结果），其茎柔细而香，能耐寒耐冻，常可用鳞茎分株繁殖，在古代香葱曾被作为上贡佳品。

香葱的鳞茎有温中下气的功能，可用于消除水肿，促进消化，消肿解毒，其种子有补肾明目功效，可用于治疗肾虚的相应病征。

香葱又叫大葱，是百合科葱属中以叶鞘组成的肥大假茎和嫩叶为产品的二、三年生草本植物，原产于亚洲西部，已被广泛栽培做调味料和蔬菜食用，是我国重要的调味蔬菜。

香葱起源于我国西部和苏联西伯利亚地区，由野生香葱在中国经驯化和选择而来。我国古代《山海经》有香葱的分布记录；汉代崔寔撰写的《四民月令》（公元 166 年）中有："二月别小葱，六月别大葱，七月可种大小葱。夏葱日小、冬葱日大"的描述。元代《王祯农书》（公元 1313 年）有大葱栽培技术的详细记载。此时，葱类型已经形成，栽培方法至今沿用。

我国栽培香葱的历史长达 3 000 余年，是世界上主要栽培葱的国家。国内栽培范围很广，淮河流域、秦岭以北和黄河中下游地区为主要产区。北方将葱作为重要蔬菜，周年供应，但以冬春生食为主。我国中南部以分葱栽培较多。我国葱最早传入朝鲜，又传入日本。日本关于葱的记载最早见于公元 918 年，现在栽培也很普遍。1853 年传入欧洲，于 19 世纪传入美国。至今欧美国家栽培较少。我国是世界上唯一的大葱出口国，每年出口韩国、日本等地。

香葱原产于我国，栽培历史悠久，品种资源丰富，特别适应各地栽培。大葱从幼苗到长成大葱，可随时收获上市，满足人们调味需要。秋季长成的大葱可长时间贮藏，整个冬季随时供应市场，是重要的周年均衡供应蔬菜。因此，在蔬菜生产上占有重要的地位。在山东省，大葱是农民提高经济收入的重要蔬菜。大葱很耐贮藏运输，在我国长途运销蔬菜之中占有很大比例。香葱的营养丰富。每 100 克葱白中含蛋白质 1～2.4 克、糖类 6～8.6 克、脂肪 0.3 克、维生素 A 1.2 克、磷 46 毫克、铁 0.6 毫克，还有挥发性的丙硫醚、丙基丙烯基二硫化物、甲基硫醇等芳香物质。由于有这些芳香物质，食用时风味辛香、细腻脆嫩、汁多味甘，是生食或调味的良好蔬菜。香葱可生食、炒食、凉拌或作调料。我国人民普遍有食葱的习惯，特别是北方，食用量很大。

香葱有较高的医疗价值。葱味辛，性温，生则辛平，熟则甘温。有发汗解毒、通阳利尿、明目补中、除邪气、利五脏、治目眩、散淤血、解药毒、止血止痛、消痔漏痈肿等功能。葱白可治感冒、头痛、发热、无汗等症；葱汁可治溺血、流鼻血等；葱捣烂外敷还可治风湿肿痛、跌打肿痛等症。

三、汉葱

汉葱为一年或二年生植物，全国各地广泛栽培。秋冬时叶便枯萎，该葱植株高大，鳞茎呈卵状长圆柱形，叶为圆柱形，长达 50 厘米，直径为 1 厘米左右，形状与木相似，故又称"木葱"。

汉葱全身皆入药，其鳞茎有解毒功能，可用于治疗伤寒发热、头痛、腹痛、大小便不通、痢疾；叶有祛风发汗、解毒消肿的作用，可用于治疗感冒风寒、头痛鼻塞、发热而无汗，中风、浮肿、疮，跌打损伤，挤成葱汁有散淤解毒、驱虫等功效。

四、羊角葱

此葱是洋葱的变种，因为形状类似羊角而得名，由于其伞形花序具有大量珠芽，并间杂有小花，状如"楼阁"，故又称"楼葱"。羊角葱于秋季播种，露天越冬，早春长出新叶时即可收获，嫩绿香美的羊角葱是吃春卷的佐膳佳品。

五、茖葱

原名山葱，因野生山中而得名，又名隔葱、鹿耳葱。其鳞茎较细，近似圆柱形，叶2～3片，呈倒披针状椭圆形，长8～20厘米，宽3～9.5厘米，嫩叶供食用，多生长于阴湿山坡、林下、草地或沟边，茖葱比其他葱香味更浓。

茖葱的药用功效类似洋葱。

第二节　大葱的生物学性状

葱为白色弦状须根，再生力很强，分支性强，几乎没有根毛，吸收肥、水能力较弱，根群在土层中分布的范围较小，旱浅根性，要求土壤营养丰富、水分充足。葱根的数量、长度和粗度，随发生时叶数的增多而不断增长。葱的生长盛期也是根系最发达的时期，数量可达100条以上，根一般粗1～2毫米，平均为30～40厘米。

葱无典型的茎，营养生长期只有短缩茎盘，茎盘上部每节着生一片叶子。葱茎具有顶端优势，所以在营养生长期很少分蘖，当顶芽形成花蕾时也只有少数分蘖。葱的叶片由管状叶和叶鞘组成，叶鞘成为闭合的筒状套生长在茎盘上，每一新叶均在前一叶鞘内伸出，层层叶鞘抱合伸长，形成鳞茎（即葱白），管状叶呈长圆筒形，绿色，表面披有蜡质层，呈耐旱生态形。管状叶在幼小时期内部充满薄壁组织，贮藏很多养分，叶子伸长后，薄壁组织逐渐消失，成为中空的管状叶，进行光合作用。

大葱通过阶段发育后，即可形成花薹，花薹是由茎盘顶芽伸长而成。花茎的粗度和高度，决定于营养生长状况和品种特性。花薹顶端着生伞形花序，呈球状；花球直径的大小，决定于花柄的长度，一般花柄长3～4厘米的花球直径为7～10厘米。开花前，包在花序外的苞片破裂，其中有600～800朵花先后开放。一般为两性花，花萼三片，花瓣三枚；雄蕊六枚，三长三短相间排列，中央着生雌蕊一枚，雌蕊成熟时长 1 厘米左右，高于其他花器（子房上位）；子房基部有蜜腺，是虫媒异花授粉的作物。

第三节　大葱的生长与发育周期

大葱属二、三年生植物。从播种到种子成熟的整个发育周期，没有生理休眠阶段，分为营养生长和生殖生长两个生育时期。完成整个生育周期所经历的时间长短，取决于进入生殖生长时期的早晚。多数品种的大葱，当植株长出三个真叶以后，遇到低温条件，可随时完成春化而开始花芽分化，进入生殖生长期。因此，在自然条件下，营养生长时期的长短，决定于播种季节。在北京地区，秋播的大葱进入营养生长期，经两个冬天，即第三年才能抽薹开花结籽，完成生殖生长期；而春播的大葱，进入营养生长期，经一个冬天，到第二年春季即能抽薹开花完成生殖生长期。

一、营养生长期

大葱的营养生长期，包括发芽期、幼苗期、缓苗及缓慢生长期，假茎迅速生长期。

1. 发芽期

从播种到子叶出土直钩，依靠种胚贮藏的养分进行自养生长。种子吸水后，养分转化，种胚萌动，胚根穿出种皮伸入土中，子叶开始伸长，子叶从中部倒塌成钩状，由褶合处穿过覆土层长出地面，然后子叶逐渐伸直。在适宜的温度、水分条件下，整个发芽、出苗期约需 14 天左右。

2. 幼苗期

即从直钩到定植期。这段时间的长短决定于播种期和定植期。北京地区秋播的大葱，出苗后生长一段即进入越冬期，第二年春季返青后才进入幼苗生长旺盛期；春播的大葱，发芽出苗后则很快进入幼苗生长期。

3. 缓苗生长期

即由大葱定植至大葱假茎（葱白）迅速生长以前。大葱定植后即进入缓苗期，约需 10 天左右，此时大葱主要在发新根，以恢复正常生长。此后北京地区天气炎热，大葱在 35～40℃ 高温下即进入缓慢生长期，这个时期约 50～60 天。在这个时期整个植株生长缓慢，叶的寿命也缩短，一般每株仅剩有效叶 2～3 个。

4. 植株旺盛生长期（假茎迅速生长期）

大葱在越夏后进入植株旺盛生长期，也就是假茎（葱白）迅速生长期。此时北京地区日平均气温在 13～25℃ 之间，大葱叶的发生速度无明显加快，但叶的寿命延长了，一般可使有效叶增加到 6～8 个，并且每个叶和叶鞘伸长和重叠依次加大，先是以叶身增重为主，而后叶鞘增重的比例加大。总之，大葱的高度和重量都是在这一阶段形成的。

5. 假茎充实期

大葱遇霜后，旺盛生长期终止，生长点开始分化花芽，叶身和外层叶鞘的养分向内层转移充实假茎（葱白）。这一期间植株的总重量不再增加，而假茎重量仍有增加，同时大葱的品质显著提高。

二、贮藏越冬休眠期

在北京地区，从 10 月至第二年 3 月，大葱在低温贮藏条件下休眠通过春化阶段。

三、生殖生长期

从花薹抽出叶鞘到种子成熟为生殖生长期。这一时期，又可分为抽薹期、花开期和种子成熟期。

1. 抽薹期

大葱最后一个叶伸长叶鞘并长成后，花蕾即开始露出叶鞘。到破苞开花前，主要是伸长植株、充实花薹和发育花器官，从大葱开花盛期到种子成熟期之间，花薹的光合强度高于同株叶片的四倍，对种子产量影响极大。

2. 开花期

大葱的花序总苞自然破裂后，小花由中部向周围自然开放，每一朵小花的花期为 2～3 天，同一个花球的花期为 15 天左右。

3. 种子成熟期

大葱的同一花序上的花开时间有先有后，所以种子的成熟时间也不一致，从花开到种子成熟的时间为 20～30 天，一般应采取分期剪花球的方法采收种子。

第四节　大葱对环境条件的基本要求

大葱对温度、光照、水分和土壤等的适应性都很广，但是要获得高产优质的大葱，还是应该尽可能满足大葱对环境条件的要求。

一、温度

大葱原产地的温度变化很大。它是耐寒性蔬菜，耐寒能力强。种子在温度为 2～5℃的条件下就能够发芽，温度在 12℃以上时发芽迅速，但温度超过 20℃却没有提早出苗的效应。大葱的幼苗和整株，在平均气温为 -6.5℃以下的条件下能露地越冬。

二、水分

大葱原产地水分比较少，空气干燥，但冬季多雪，春季积雪融化能使土壤得到充足的水分。为适应这种空气湿度较低、土壤湿度较高的自然条件，大葱地上部分长有管状多蜡的叶子，能够减少水分蒸发，而地下部分则只有少数几乎没有根毛的须根，形成吸收能力很低的根系。所以，在大葱的发芽期、幼苗期、越冬期、葱白旺盛生长期和葱白充实期，以及第二年开花和种子发育期，都要供给充足的水分，才能争取大葱丰产，提高其结籽率和种子饱满度。

三、光照

大葱对光照的要求不高，对光照长度的要求为中等，只要温度适宜，贮藏器官（假茎）在长日照和短日照条件下均能发育良好。植株在低温条件下通过春化阶段，不论在长日照还是短日照条件下，都能正常抽薹开花。

四、土壤

大葱因为根群弱小，吸收养分能力弱，所以要种在保肥能力强的土地上。由于大葱需要培土软化，所以还要求土质轻松，播种地耕作层要深些。在沙质土壤栽培的大葱，假茎（葱白）洁白美观，但质地松软，耐贮性差，在黏性土壤栽培的大葱，假茎质地紧实，葱味浓，耐贮藏，但皮色灰暗；在壤质土栽培的大葱，兼有上述两者的优点，产量高，品质佳。

大葱对土壤的酸碱度的要求为 pH 7.0～7.4，即偏碱性土壤最适合生长。

五、养分

大葱对养分的要求，一般以氮素为主，但还要施些磷钾肥。

第五节　大葱的类型与品种

我国大葱品种很多。华北、东北、西北地区栽培大葱供生食、炒食和作调料，故多栽培分蘖性弱的类型；华中、华东、华南地区栽培大葱主要作调料，故多栽培植株较小而分蘖性强的类型；西南地区则多栽培分蘖性弱的大葱和分蘖性强的小葱。一般分蘖性弱的大葱棵大，辛辣味较强，适于北方作干葱用。小葱棵小，辛辣味较大葱弱而味甜。

大葱可分为：

一、普通大葱

品种多，品质佳，栽培面积大。按其葱白的长短，又有长葱白和短葱白之分。长葱白类辣味肥厚，著名品种有辽宁盖平大葱、北京高脚白、陕西华县谷葱等；短葱白类葱白短粗，著名品种有山东章丘鸡腿葱、河北的对叶葱等。

二、分葱

叶色浓，葱白为纯白色，分蘖力强，辣味淡，品质佳。

三、胡葱

多在南方栽培，质柔味淡，以食葱叶为主。大葱按照生长时间的长短在北方地区又有羊角葱、地羊角葱、小葱、改良葱、水沟葱、青葱、老葱等品种。

四、羊角葱（又名黄葱）

是由棵小的老葱叶齐留根，屯在温室池子里长成的，叶色金黄，茎白，味鲜嫩。

五、地羊角葱

是头年生长不够成熟留到来年开春再上市的葱。茎白，叶绿，叶厚，生吃很辣。

六、小葱

其根白、茎青、叶绿，生吃有甜味，4月上市。

七、改良葱

是用秋末的小葱秧栽后长成的。小葱上市完了，改良葱便上市，以补不足。改良葱味较辣，叶长，叶深绿色。

八、水沟葱

条秆粗，茎白，但叶老不能食用。

九、青葱

是在霜降后上市的一种老葱，这种葱一般种植较密，生长中不上土或上土少。

十、老葱

生长期长，棵健壮。最好的老葱是鸡腿葱，根部粗大，向上逐渐细，形似鸡腿，皮白，瓷实，冬天存放不会空心，香味大，宜做调料，每年在霜降以后供应市场。

第六节 葱的种植技术

一、葱的栽培季节

(一) 冬用大葱栽培

南方温暖地区可春播或秋播入冬收获。这种栽培方式产量高，品质好，经贮藏可供应整个冬季。

(二) 秋大葱栽培

利用播种较早，春季生长较大的葱苗，夏季提早定植，秋季提早上市的栽培方式。

(三) 夏大葱栽培

利用春季较大的葱苗，夏季提早密植，于初秋上市供应。因栽植时间很短，主要起假植作用，所以也叫假植大葱。

(四) 小葱栽培

利用种子周年播种，从春至秋供应小葱苗上市的栽培方式。南方地区，可周年播种周年上市。

二、葱的栽培方式

(一) 冬大葱栽培

1. 播种育苗

大葱育苗畦要选用地势平坦、肥沃、排灌方便、耕作层深厚的壤土。茬口应选用 3 年内未种过葱蒜类的轮作地。大葱幼苗期较长，一般每亩施腐熟的有机肥或土杂肥 2 500～3 000 千克，浅翻、耙平，做成畦。有条件时，可增施过磷酸钙 25 千克；地下害虫严重时，可用毒谷防治。大葱幼苗适宜的有效生长时间为 80～90 天，一般无霜期在 200 天以上的地区适合春播，长江流域一般 2 月初至 2 月上旬播种。每亩地用种 1～1.5 千克，通常用干种子进行撒播或条播。撒播是先在播种畦上起出一层细土作覆土，畦上灌足水，然后把种子均匀撒上，再覆土 1～1.5 厘米厚。条播是在畦内按 15 厘米左右的行距开深 1.5～2 厘米的浅沟，种子播在沟内，搂平畦面，踩实。春播育苗，出苗时要保持土壤湿润，以利出苗。苗出齐后及时浇水，到 3 片真叶时控制浇水，促进根系发育。3 叶期后给以充足的水肥，加速幼苗生长。当葱苗高 50 厘米，8～9 片叶，定植前 10～15 天时，应停止浇水，锻炼幼苗，使叶片老健，假茎紧实，以利移栽缓苗。每亩葱苗可定植 5～8 亩。

2. 定植

大葱的定植期要求不严格，长江流域一般在 5 月中下旬至 6 月初定植。大葱定植地前茬以 3 年内未种过葱蒜类作物的粮田、菜田为宜。应选地势高燥、土层深厚、排灌方便、地力肥沃的地块栽培。定植前每亩施足腐熟的有机肥 5 000～7 000 千克；定植期接近雨季的地区，栽葱地不需翻耕过深，因土层松散，开沟栽植时易塌沟，并易积水涝苗。大葱定植时一般株行距为 5～6 厘米×50～55 厘米，每亩 2.2 万～2.4 万株。挖沟深 8～10 厘米，挖南北向沟，沿沟壁较陡的一侧按株距摆放葱苗，葱根压入沟底松土内，再用锄从沟的另一侧取土，埋在葱秧外叶分杈处，用脚踏实，再顺沟浇水。大葱苗的栽植深度，要掌握上齐下不齐的原则，即葱苗心叶处距沟 7～10 厘米为宜。

3. 田间管理

大葱定植后，缓苗期结束，正值炎夏多雨季节，此时，它的耐高温、耐旱能力，远比耐水浸涝能力强得多。所以此期宁旱勿涝，一般不必浇水，雨后及时排水，切忌积水，让根系迅速更新，植株返青。越夏缓苗期不浇水、不追肥，只浅中耕，多松土，及时拔草，改善土壤的通气性。随着植株生长，每次降雨后或浇水后，及时松土。立秋以后，天气逐渐凉爽，昼夜温差加大，植株生长速度加快，葱白开始加长生长。葱白的伸长在整个生长期都在进行。此时需要追肥，每亩追农家肥 2 000 千克，撒施在垄背上，再施尿素 10 千克，浅锄一遍，把农家肥和尿素锄入沟中，接着浇一次水促其生长。处暑以后进入管状叶生长盛期，要追施速效性氮、钾肥，每亩撒施尿素 15 千克，硫酸钾 20 千克，破垄培土。进入 9 月，葱白开始加速生长，仍需追施速效氮、钾肥，方法同前。追肥后进行培土，培土高度要求不埋心叶。随着植株生长再培第 2 遍土，一般培土 3～5 次。立秋至白露之间，浇水应在早晚进行，并且宜轻浇，白露至秋分追肥后浇水量宜大，保持土壤湿润，以满足葱白生长需要。此后每隔 6～7 天浇一次水，浇足浇透，两次浇水之间保持地不见干。水分充足则叶色深，蜡粉厚，叶内充满无色透明的黏液，是水分充足的表现，葱白也显得洁白有光泽。

（二）夏秋大葱栽培

夏秋大葱栽培的目的是供应8—10月市场的需求，长江流域一般在2月份播种，6月定植于田间。定植时有开沟行栽和高畦穴栽两种。定植较早、上市较晚时，可开沟栽植，以便培土。开沟行栽的行距为40～50厘米，株距3～4厘米，每亩栽4万株左右。定植较晚，而在夏季上市不需培土的栽培，可用高畦穴栽，每穴3～4株，穴距20厘米。夏季生长期间要及时除草灭虫。土壤干旱要及时浇水，雨季积水要及时排涝。缓苗后可追肥1次，培土1～2次。夏秋大葱可随时收获上市，以食用假茎为主。

（三）小葱、分葱、细香葱的栽培

长江流域小葱一般是3—4月播种，6—7月收获；也可在9—10月播种，第二年4—5月收获。这期间以没有长成的幼秧供应市场，食嫩叶为主。

宜选地势平坦、排水良好、土壤肥沃的田块种植，无论沙壤、黏壤土均可，对土壤酸碱度要求不严，微酸到微碱性均可。但不宜多年连作，也不宜与其他葱蒜类蔬菜接茬，一般种植1～2年后，需换地重栽。选择好地块后随即耕翻，一般每亩施入腐熟厩肥或粪肥2 500～3 500千克，外加磷、钾化肥30～35千克，或复合肥40千克。施后耕耙做畦，畦宽2米左右，畦沟宽40厘米，深15～25厘米，做到"三沟"配套，能灌能排。

分葱和细香葱一般都采用分株繁殖。分株繁殖在植株当年已发生较多分蘖、平均气温在20℃进行为宜，长江流域一般均在4—5月和9—10月两个时期，具体依当地气温而定。栽前将留种田中的母株丛掘起，剪齐根须，用手将株丛掰开。栽植行株距分葱较大，细香葱较小。一般分葱行距为23厘米，穴距20厘米，每穴栽分蘖苗2～3株，栽深4～5厘米；细香葱行距10厘米，穴距8厘米，每穴栽分蘖苗2～3株，栽深3～4厘米。栽后浇足水，细香葱有时也结少量种子，可用于播种繁殖。栽植成活后浅锄，清除杂草；追肥为10%腐熟稀粪水或0.5%尿素稀肥水，亩浇施

1 000～1 500 千克。由于葱类根系分布较浅，吸收力较弱，故不耐浓肥，不耐旱、涝，与杂草竞争力较差，必须小水勤浇，保持土壤湿润，并注意多雨天气要及时排除积水。栽植成活后开始分蘖，分蘖后可再抽生二次分蘖。一般在栽后 2～3 个月株丛已较繁茂，即可采收。如暂不采收，也可留田继续生长，陆续采收到冬季。或对每一株丛拔收一部分分蘖，留下一部分继续培肥管理，待生长繁茂后再收。

三、葱的留种技术

(一) 大葱留种法

在大葱收获时，挑选具备品种特征的植株，稍在田间晾晒，立即整株栽到有隔离条件、不重茬的地块里。沟的宽、深约 30～35 厘米，沟距 70～80 厘米，每沟可栽 1～2 行，行距 10 厘米，株距 5 厘米。单行每亩栽 17 000～19 000 株，双行 33 000～38 000 株。每亩施优质农家肥 3 000 千克，尿素 15 千克或复合肥 20 千克，施入沟中。先刨垄沟，使粪土掺匀，然后插葱。在封冻前进行培土。翌年 2 月，垄背有萌发的新叶时，标志着种株开始返青，要及时剪去上部 20 厘米的枯梢，平土培土。3 月上旬浇返青水。4 月中下旬至 5 月上旬为盛花期，要及时追施尿素或复合肥，每亩 15～20 千克。抽薹期应控制浇水，花期及时浇水，保持地面湿润，但要防止积水沤根。开花期经常用人手抚摸花球进行人工辅助授粉，并注意防治病害。亩产种子 50 千克左右。

(二) 分葱和细香葱留种法

分葱和细香葱大都采用分株繁殖，需设专门留种田，不加采收。留种田栽培与生产大田相同，但氮肥施用量要适当减少，磷、钾肥要适当增加。一般春季栽植的留种田，可用于秋季分株栽植；秋季种植的留种田，可用于第二年春季分株栽植。一般每亩留种田可分株栽植生产大田 8～10 亩。

四、家庭最简单种植方法

（1）选择一小块地（如 1 平方米）并施"绿色"农家肥（如菜叶等发酵后用）；

（2）在集市买一斤小葱回来，只留一寸左右的葱白（含根须）种上；

（3）每天浇水，一周后即可每天采用。

五、葱的病虫草害防治

（一）大葱病虫害防治选用农药原则

首先选用生物农药或生化制剂，其次选用特异性昆虫生长调节剂，再次选用高效低毒低残留农药，最后针对性选用防效好的中等毒性低残留农药，严禁使用高、剧毒性农药。

（1）生物农药。如苏云金杆菌制剂（如 BT 各阶层剂，BT 粉剂、大宝、百特宝等）、拮抗菌制剂（如共丰灵、青枯散、增产菌等）、鱼藤制剂等。

（2）生化制剂。如阿维菌素（7501、威霸、爱福丁等）、浏阳霉素、多抗霉素、农抗 120、青霉素和农用链霉素。

（3）特异性杀虫剂。如抑太保、农梦特、灭幼脲和除虫脲。

（4）高效低毒低残留杀虫剂。如美曲膦酯（敌百虫）、辛硫磷等。

（5）高效低毒低残留杀菌剂。如瑞毒霉、杀毒矾、普力克、百菌清、甲基托布津、多菌灵、灭病威、百克、粉锈宁等。

（6）出口葱禁止使用的农药。如甲胺磷、呋喃丹、氧化乐果、3911、1605、甲基 1605、1059、杀螟威、久效磷、磷胺、异丙磷、三硫磷、磷化铝、氰化物、氟乙酰胺、吡酸、西力生、赛力散、溃疡净、五氯酚钠、敌枯双、二溴氯丙烷（DBCP）、普特丹、培福朗、18％蝇毒磷乳粉、六六六和滴滴涕、二溴乙烷、杀虫脒、氟乙酰胺、艾氏剂和狄氏剂、汞制剂、毒鼠强、敌枯双、三环锡等。

（二）葱的病害防治

1. 葱类紫斑病

症状：危害叶片、花梗、鳞茎。初期病斑小，灰色至淡褐色，中央微紫色，有黑色分生孢子。病斑很快扩大为椭圆形或纺锤形，凹陷，呈暗紫色，常形成同心轮纹。环境条件适宜时，病斑扩大到全叶，或绕花梗一周，叶片、花梗枯死或折断，严重影响鲜葱的产量、品质和种子的成熟。

发生规律：病原菌为真菌，以菌丝附着在病残体于土中越冬；翌年分生孢子借气流、雨水传播蔓延，从气孔、伤口侵入，在 24～27℃ 下最适发病。温暖多湿，连阴雨天，缺肥，植物生长衰弱，葱蓟马造成伤口时，发病严重。

防治方法：①清洁田园，实行轮作。②加强管理，多施基肥、追肥，雨后排水，使植株生长健壮，增强抗病力。发病后控制浇水，及早防治葱蓟马，以免造成伤口等。③选抗病种子。④药剂防治：发病初期喷 75% 百菌清可湿性粉剂 600 倍液、或 75% 代森锰锌可湿性粉剂 500 倍液、或 50% 甲基托布津可湿性粉剂 600 倍液、或 64% 杀毒矾 M8 可湿性粉剂 500 倍液、或铜铵合剂（硫酸铜 1 千克加碳酸氢铵 0.55 千克）500 倍液喷雾。各种药剂应轮换使用，每 7～10 天 1 次。在每 10 千克药液中加 5～10 克增效剂可增加药液的黏着性。

2. 葱类霜霉病

症状：危害叶片、花梗、鳞茎。起初形成椭圆形淡黄色病斑，边缘不明显，表面产生白色霉。幼苗感病后可全株死亡，成株感病造成减产。

发生规律：病原菌为真菌。以卵孢子附着于病残体，在土中越冬，翌年春天随气温升高而萌发。相对湿度 90%，气温 15℃ 左右为流行季节。低温多雨、重雾天气、地势低洼、过分密植、植株生长不良及大水漫灌时发病严重。

防治方法：①栽葱时选苗，消灭苗期带病植株。②药剂防治：药剂防治方法与大葱紫斑病基本相同；防治时每 7～10 天 1 次，共喷 2～3 次。各种药剂轮换使用。

3. 葱类锈病

症状：危害叶片和花薹，病部产生椭圆形或梭形黄色稍隆起的疱斑（夏孢子堆），表皮裂开后散出橙黄色夏孢子。后期病部形成黑褐色椭圆形稍隆起的疱斑（冬孢子堆），纵裂散出紫褐色冬孢子，致使叶片上长满疱斑，病叶干枯。以春秋两季发病严重。

发生规律：病原菌为真菌。北方以冬孢子在病残体上越冬，南方以夏孢子在活体上越冬。春秋多雨、气温较低年份发病重；肥料不足，植株生长不良发病严重。

防治方法：①多施农家肥，增强植株长势，提高抗病能力。②发病严重处，提早收获。③药剂防治：发病初期喷药，可用15％萎锈灵粉锈宁可湿性粉剂 2 000～3 000 倍液、或 50％萎锈灵乳油 800 倍液、或 65％代森锰锌可湿性粉剂 500 倍液、或 70％代森锰锌可湿性粉剂 400～500 倍液、或 50％代森铵 500 倍液喷雾，每 10 天 1 次，共喷 2～3 次。各种药剂最好轮换使用。

4. 葱类菌核病

症状：危害叶片、花梗，多发生在近地表处。菌丝由外向内层叶鞘扩展，严重时全株倒折，基部腐烂死亡。病部产生白色絮状菌丝和黑色短秆状或粒状菌核。

发生规律：病原菌为真菌。以菌核随病残体在土中越冬，翌年子囊孢子随风雨传播；温度 20℃左右和土壤湿度大的地块，发病严重。

防治方法：①轮作和收获后除去病残体，烧毁深埋。②雨季加强排水，减少土壤水分。③药剂防治：在发病初期用 50％多菌灵可湿性粉剂 300 倍液、或 50％甲基托布津可湿性粉剂 500 倍液、或 40％菌核净可湿性粉剂 1 000～1 500 倍液等喷灌植株基部，每 7～10 天 1 次，连喷 2～3 次。各种药剂轮换使用。

第七节　葱的功效

俗话说"一根葱，十分钟"。每天吃点葱并不浪费您多少宝贵的时间。但是葱除了常见的食用价值外，还具有许多保健功效。

一、壮阳补阴

大葱中的各种维生素能保证人体激素正常分泌，还能有效刺激性欲，从而"壮阳补阴"。因此，对男性来说，每周吃 3 次大葱或细香葱，可炒菜、凉拌食用，也能当成调味剂，以达到壮阳的功效。

二、解毒调味

大葱味辛，性微温，具有发表通阳、解毒调味的作用。主要用于风寒感冒、阴寒腹痛、恶寒发热、头痛鼻塞、乳汁不通、二便不利等。大葱含有挥发油，油中的主要成分为蒜素，又含有二烯丙基硫醚、草酸钙。另外，还含有脂肪、糖类、胡萝卜素等，维生素 B、维生素 C、烟酸、钙、镁、铁等成分。

三、抗癌作用

香葱所含的果胶，可明显地减少结肠癌的发生，有抗癌作用。葱内的蒜辣素也可以抑制癌细胞的生长。葱还含有微量元素硒，可降低胃液内的亚硝酸盐含量，对预防胃癌及多种癌症有一定作用。

四、发汗抑菌

大葱具有刺激身体汗腺，达到发汗散热之作用。葱油可以刺激上呼吸道，使黏痰易于咳出。葱中所含大蒜素，具有明显的抵御细菌、病毒的作用，尤其对痢疾杆菌和皮肤真菌抑制作用更强。

五、舒张血管

大葱富含维生素 C，有舒张血管，促进血液循环的作用，可防止血压升高所致的头晕，使大脑保持灵活，并预防老年痴呆。大葱的挥发油和辣素，能祛除腥膻等油腻厚味菜肴中的异味，产生特殊香气，如果与蘑菇同食还可以起到促进血液循环的作用。

六、降低胆固醇

大葱可降低坏胆固醇的堆积，经常吃葱的人，即便脂多体胖，其胆固醇并不增高，而且体质强壮。葱叶部分比葱白部分含有更多的维生素 A、维生素 C 及钙。

七、增进食欲

生葱像洋葱一样，含烯丙基硫醚，这种物质会刺激胃液的分泌，有助于食欲的增进。与含维生素 B_1 含量较多的食物一起摄取时，会促进食物的淀粉及糖质变为热量，可以缓解疲劳。

八、吃葱禁忌

一般人群均可食用，脑力劳动者更适宜。然而有 4 类人不宜吃葱。

（1）胃肠道疾病患者。患有胃肠道疾病特别是溃疡病的人不宜多食。

（2）葱对汗腺刺激作用较强，有腋臭的人在夏季应慎食。

（3）表虚、多汗者应忌食大葱。

（4）眼疾患者。过多食用葱还会损伤视力，因此眼睛不好的人不宜过多食用大葱。

第二章

葱的加工技术

第一节　脱水大葱的加工

一、概述

大葱含水量高，收获之后，采用自然日晒的方法，把占大葱半数以上的葱叶连同茎的顶部晒干，只保留下部葱茎作调料使用，造成了极大的浪费。再者由于目前保存和运输手段落后，大葱基本局限于部分地区销售，也只是季节性的，这样既不能满足人们日益增长的消费需要，也不利于调动农民发展种植大葱的积极性以扩大生产。为了克服和避免大葱原有的欠缺，充分利用这一丰富资源，方便人民的生活，脱水大葱应运而生。

二、加工原理

在不破坏大葱所含的营养成分和保持其原有的白、绿颜色前提下，通过干燥脱水的方法来提高大葱中所含的可溶性物质的浓度，使其达到不能被微生物利用的程度，同时干制过程也使大葱本身酶的活性受到抑制，保持白、绿颜色，以达到长期保存的目的。

三、加工技术关键

（一）抑制酶的活性

在脱水大葱的加工过程中，易发生的问题是变色，这主要是酶促褐变的作用。另外大葱中含有蛋白质、氨基酸、糖等多种营养成分，在加工中也易发生褐变。为了保证产品质量，使脱水葱保持原有的白、绿色泽，就必须破坏酶抑制褐变。可以采用三种处理方法：第一种是漂烫法。此法是加工多种脱水蔬菜采用的方法之一，漂烫的作用是杀青、灭酶。用此法处理的大葱能保持原有的色泽，但是效果不理想，葱质变黏软，烘制时间长，不易烘干，烘出的产品硬度大，有结团现象，感官质量不好，复水性差，不宜采用。第二种是抗氧剂处理法。用此法处理的大葱清洗遍数多，增大劳动量，而且烘制出的产品带有微红色，影响产品色泽，效果不理想。第三种是还原剂处理法。此法既能抑制酶的活性，又有驱氧的作用，并且处理时间短，效果比较理想，产品具有新鲜大葱的色泽和浓郁的香味，复水性好。由以上三种方法比较，得出第三种方法适宜加工脱水葱。

（二）合理控制温度

在烘制葱的过程中，适宜的温度是非常重要的。因为在干制过程中除去的水分主要是游离水和部分胶体结合水，开始蒸发时，表面大部分游离水迅速从原料表面散失，至水分含量降低到 50%～60% 时开始蒸发部分胶体结合水。如果干燥温度过高，原料表面失水过快，内层水分来不及转移到外层，就会导致表面结壳，并且阻碍水分继续蒸发；温度过高也会使原料中的糖分和其他有机物质焦化或损失，损害制品的外观与风味，所以干燥时不宜采用过高的温度。反之，温度过低加上通风条件不理想，也不利于水分蒸发，使原料变色或发霉产生异味。合理选择烘干温度是研究的关键。用低温烘制大葱，虽然需要的热能低，但是时间长，产品质量不好；在比较高的温度下烘制，虽然时间短，但是产品失去了大葱原有的白、绿色泽，破坏了大葱所含的某些营养成分。本工艺选择 60～70℃ 的温度，时间 7～8 小时，效果比较好，产品具有新鲜大葱的色泽，葱香浓郁，复水性也较好。

四、工艺流程

大葱→去皮、根→清洗→切段→处理→漂洗沥水→摊盘→烘制→脱水葱产品

五、操作要点

（1）原料。应为鲜大葱（一年四季的鲜葱均可）。

（2）整理。将收获后的大葱去外皮、黄叶与根，把泥土洗去。

（3）切段。将整理好的葱切成1～2厘米的段，为了干燥均匀，可把茎叶分开，分装烘盘。

（4）处理。将切好的葱段处理，待半小时后进行清洗，以保证产品质量。

（5）将清洗好的葱置于离心机中把表面水分去掉，然后摊盘烘制。

（6）烘制出的脱水葱挑选装箱。

第二节　葱粉、葱盐的加工

一、工艺流程

1. 葱粉

脱水大葱→粉碎→过筛→精制→包装→葱粉

2. 葱盐

脱水葱→粉碎→过筛→调配（加辅料）→包装→葱盐

二、操作要点

将脱水葱掰碎过筛，调配即成葱盐、葱粉。葱盐是一种使用方便、味道鲜美的调味品。

三、理化指标

氯化钠70％～72％，食品添加剂28％～30％。

葱盐产品具有葱香味，在菜、汤、面条中撒入适量，即可达到鲜美、可口的效果，是家庭、餐厅必备的调味品。

葱粉也是一种上乘的调味品，可使用在凉菜、汤、方便汤料中，并可用来加工葱香食品。如葱味饼干、葱油饼等。该产品应用面广，使用方便，是一种理想的调味料。

第三节 脱水洋葱片的加工

一、概述

脱水洋葱片是用于快速食品的汤料和调味料的主要原料，曾远销日本、德国和加拿大等国家。脱水洋葱片有黄洋葱片、白洋葱片和红洋葱片三种。

二、工艺流程

原料挑选→切梢→挖根→剥衣→清洗→切片→漂洗→沥水→摊筛→烘干→精选→检验→包装

三、操作要点

1. 选料

原料要选用充分成熟的洋葱，其茎叶已开始变干，鳞茎外层已经老熟，水分低，干物质含量高，葱头大小横径在 6.0 厘米以上，以大、中个体为佳。葱肉呈白色或淡黄白色；红洋葱为红白色，肉汁辛辣。无霉烂、抽芽、虫蛀和严重损伤，均可作为加工原料。

2. 原料预处理

用小刀切除葱梢，挖掉根蒂，剥去葱衣、老皮、鳞片，直至露出鲜嫩白色或淡黄白色（红洋葱为红白色的内层为止）。同时削除有损伤的部分并将葱头大小分开，在清水中冲洗一次，以洗去外表的泥沙、衣膜等杂质。

3. 切片

将洗净的洋葱采用切片机按洋葱大小横切成不同直径的环状片，葱汁条宽度约为 4.0～4.5 毫米，刚收获的洋葱片条可切宽些，经过储藏时间较长的洋葱片条可切窄些。为便于切片，大个洋葱可先切成两瓣后，再上机进行切片。片条大小要均匀，切面要平滑整齐。片形过宽，干燥速度慢，干品外观色泽差；片形窄小，容易干燥，干品色泽佳，但碎片率高，片形不挺。在切片过程中，边切边加水冲洗，同时把重叠的圆片抖散开。

4. 漂洗

洋葱切片后，流出的胶质物和糖液黏附在洋葱片表面上，在烘干时葱片内部水分不易蒸发出来，影响干燥速度，其所附糖液也极易焦糖化造成褐变，使干葱片色泽不均匀产生差异。故切片后洋葱片必须进行漂洗，有利于缩短干燥时间，提高干品外观色泽。

漂洗用水的水质必须符合生活饮用水标准。漂洗时将葱片放入竹筐或有孔塑料筐中，每筐装半筐葱片，置于流动清水池中，用漏勺将葱片上下翻动进行漂洗，通常经过三池清水漂洗，以洗净葱片表面可溶性物质。在漂洗过程中，要经常更换新水，以保持水质清洁卫生。漂洗要适度，过分漂洗会使葱片营养成分流失过大，风味降低。

为保持葱片外观良好的色泽，可将葱片浸入 0.2% 柠檬酸中浸泡 2 分钟进行护色处理。

5. 沥水

原料经过漂洗后，葱片所带水分较多，必须放入离心甩干机把葱片表面所带水分甩干。首先在离心机槽内铺上一层清洁纱布，然后装入葱片，装量不宜过多，每次 15～20 千克。开动机器时间控制在 30 秒左右，把原料表面水分基本甩干为止。随后将纱布连同葱片一齐取出，摊铺于烘筛上。甩水时间要严格掌握，转速不宜太快，通常控制在 1 300 转/分，否则干品的条形不挺直，碎片率增多，影响成品质量。

6. 原料摊筛

洋葱经过预处理，沥尽水分后，随即摊铺于烘筛上。烘筛规格为 100 厘米×93 厘米，采用尼龙线编织的网筛用竹木条做边框，采用不锈钢丝编织的网筛用铝合金做边框。网筛孔眼一般为 3 毫米×3 毫米或 5 毫米×5 毫米为宜。葱片摊筛时，操作要快速，铺放要均匀，要严格控制好烘量，若铺放过多，会延长干燥时间；铺放过少会降低干燥机生产能力，干品色泽变劣。摊铺时，最好用专门的计量斗或配量器，按一定量铺放于烘筛上。按上述规格每只烘筛可铺放鲜葱片 3.5～4.0 千克。当每只烘筛铺料完毕，随即装在烘车层架上。

7. 入烘

干燥机在未进料前，先行预热升温达 60℃左右，连续进入 3 架载料烘车，随即关闭进料门，接着每铺满一架烘车，进入一架，直至一条烘道装满烘车时，关闭进料门，继续升温。烘干温度控制在 58～60℃。持续 6～7 小时。当葱片含水分降至 5.0% 以下时，即可从干燥机出口处卸出一架干品烘车，从进料口进入一架鲜葱烘车，这样卸出干品，进入原料，连续不断地进行干燥作业。

8. 精选

精选是保证成品质量最后关键工序。精选车间光线要充足，房间要干净，卫生条件好；同时还要密闭门窗，做好防鼠、防蝇、防虫、防雀"四防"措施，要严格工人卫生检查，防止带菌、带病进入精选车间，杜绝传播病菌或昆虫污染产品。在气温高的季节，车间必须具有空调或通风设施，以降低车间温度。这对保证质量非常重要。精选工序分三道进行：先将烘干洋葱片半成品移入分选机，筛除碎屑杂质，然后在传送带上，初步拣除不合格的黄、青皮片、焦褐片、异色片、花斑片和杂质；为检查清除葱片中偶然混入的金属杂物，在第一道分选机出料口传送带上安装一台金属检测仪，如有金属反应则停机拣除，同时在传送带出料口安装磁吸设备，以彻底清除干品中混入的铁质杂物；干葱片经第一二道处理后，还必须将干品倒在不锈钢台板或无毒白色塑料板上，进行最后一道仔细拣选，拣除不合格低劣片，同时按成品质量标准要求分等级。拣选时操作要迅速，防止干品停留在拣选台上时间过久，葱片含糖分高容易吸湿，水分升高，造成干品不合格，因此，拣选完毕后立即检验、包装。

第四节　葱头粉的加工

一、概述

采用真空浓缩和离心式喷雾干燥技术得到的葱头粉，其主要成分为硫化物，既保留了葱头的辛辣成分，同时也提高了还原糖的含量。葱头粉不仅可以单独作为一种调味品，用于改善食品的风味。例如，将葱头粉加入到膨化食品中，就可以得到具有葱头辛辣风味的膨化食品。同时葱头粉也可以与其他调味品按一定比例搭配，得到复合调味品。

二、工艺流程

葱头→预处理→打浆→热处理→解酶→搅拌→真空浓缩→喷雾干燥→包装→成品

三、操作要点

（1）原料选择。葱头根据外皮颜色可分为红皮种、黄皮种和白皮种。

（2）预处理。去掉葱头表皮及腐烂部分，洗净后切碎。

（3）打浆。将预处理好的葱头用打浆机打碎成浆备用。

（4）热处理。在真空浓缩锅中将葱头浆液预热 10～15 分钟，目的是使葱头浆液的温度达到酶解的温度，有利于果胶酶充分发挥作用。

（5）酶解。在预热好的葱头浆液中加入果胶酶（用量为 0.5%），在 40℃下酶解 1 小时（批量生产时原料一次性投入量较大，故酶解时间要适当延长）。

（6）加护色剂。加入护色剂己二酸、L-胱氨酸，搅拌 30 分钟，搅拌时液体表面形成稳定的旋涡流。

（7）真空浓缩。在 50℃，真空度为 0.076 兆帕下将葱头浆液浓缩至 35～48Brix，浓缩过程中尽量保持锅内液体呈微沸状态，但不要产生暴沸。

（8）喷雾干燥。将浓缩好的葱头浆液在 10.0～15.0 兆帕下均质，均质后冷却到 45℃，并在 200～220℃下喷雾干燥。

（9）包装。将喷雾干燥后得到的葱头粉冷却，然后用定量罐装机包装，包装材料选用铝箔袋。

第五节 脱水洋葱的加工

一、工艺流程

原料整理→切片→拣菜→漂洗→离心甩水→烘干→拣选→包装

二、操作要点

（1）原料整理。用不锈钢刀剔除新鲜洋葱中的斑疤、霉烂变质部分，除去洋葱老皮和外衣，洗涤干净。

（2）切片。调整切片机的刀口到料盘的距离，使洋葱切分为 2~3 毫米的薄片，然后将固定螺丝顶紧。打开喷淋水管的龙头，将去掉外皮的洋葱放在料盘上，合上电动机刀闸，切片机平稳运行，将洋葱均匀地投入进料口，自动定位切片，切好片随喷淋水冲至机外。

（3）拣菜。将切好的葱片去除洋葱的根部、老皮，片形保持 3.5~4.0 毫米。

（4）漂洗。拣好的洋葱片在含有效氯 600×10^{-6} 的漂白粉水中浸泡 3~5 分钟，除去农药残留和消毒，然后用流动水洗涤干净。

（5）离心甩水。为了提高烘干速度，用纱布包好洋葱片放入离心机转鼓内，启动离心机，甩掉表面水分。

（6）烘干。将洋葱片放在烘盘上，摊至薄厚均匀，每平方米摊洋葱 3 千克，摊好装满烘车推入烘干隧道，温度控制在 70℃以下（进风口），干燥大约需 2 小时。

（7）拣选。主要拣去不规则片、焦片、变色片等，特别注意拣除头发、塑料等，用筛网去碎丝、竹丝等异物，然后过 10 毫米×10 毫米筛筛去碎屑，抽样做化验。

（8）包装。将检验合格后的洋葱片装入双层食用塑料袋内，外套高强瓦楞纸箱包装即可。

第六节　微波脱水洋葱的加工

一、概述

新鲜洋葱鳞茎中含有蛋白质、脂肪、维生素、钙、铁等营养成分。由于洋葱的特殊风味和特有的功能而越来越受到人们的重视。本工艺是利用微波能加工脱水洋葱，使产品在质量方面有较大改善，并且大大提高了工作效率，缩短了加工时间。

二、主要原料

市售红皮洋葱、食盐、无水 Na_2SO_3。

三、主要设备

水果刀、微波炉、恒温干燥箱、真空包装机。

四、工艺流程

洋葱→挑选→剥皮→切片→清洗→微波干燥→分选→真空包装→成品

五、操作要点

（1）护色。采用 0.5％ Na_2SO_3 和 0.4％ $NaCl$ 溶液，时间 7 分钟。

（2）微波干燥。由于洋葱自身含水量较高，而微波加热具有迅速脱水易造成物料焦糊的特点，故在确定最佳微波干燥条件时，先热风干燥，待洋葱降至一定水分，再采用微波干燥的方法。热风干燥 80℃，1.5 小时；微波干燥 150 瓦，10 分钟。

六、质量标准

1. 感官指标
形态：稍有皱折，大小较均匀。
气味：具有洋葱特有的香味，无异味。
杂质：无。

2. 理化指标
水分含量：7.8％。
总灰分：5.0％。
不溶于酸的灰分：0.5％。

第七节　洋葱干环片的加工

一、工艺流程

原材料→除杂、清洗→切片→护香→干燥→洋葱环片→包装→成品

二、操作要点

（1）原材料。宜收购充分成熟，外部鳞片干燥的较大鳞茎、结构紧密、颈部细小、辛辣味强、内部为一致的白色或淡黄色的洋葱。

（2）除杂、清洗。用不锈钢刀剔除洋葱蒂、葱梢、剥去表皮，削除损伤部分。用清水洗去洋葱表面的一切有机、无机杂质。

（3）切片。按洋葱的横切面切成不同直径的圆片，圆片厚度为 3～5 毫米。可用切片机切片，避免手工切片洋葱辛辣挥发物催泪。

（4）护香。将切好的洋葱片上加 10%的糊精、0.5%的乳糖，均匀静置 20～30 分钟。加用糊精的目的是使香味稳定、抗氧化，防止葱香物挥发。加乳糖是避免洋葱片干燥后易回潮，而且利于烘烤时水分迅速下降。乳糖对洋葱原味有保持性，利于产品长期保存。

（5）干燥。用真空干燥柜干燥。将洋葱片均匀置放在烘盘上，每平方米可盛 4～6 千克，温度控制在 65 ℃左右，真空度在 -0.05 兆帕左右，时间需 3～4 小时。

（6）挑选。烘好的洋葱稍冷却后，选色泽、大小一致的洋葱片包装成成品即可销售。

第八节　干燥小香葱的加工

一、概述

香葱是人们喜欢的调料和汤料食品，在方便面、方便饭的调料中，香葱是一种必不可少的成分。通常人们所能吃的部分主要是葱叶和少许葱白，但葱叶部分不易于保存，即使在冰箱中保存新鲜的香葱，葱叶也会很快变黄、败坏。为了使香葱延长保存期，易于存贮且使用方便，目前一种可行的干燥方法是真空冷冻干燥，它可以最大限度地保持香葱的色、香、味和营养成分，且干燥的香葱保存时间长，在温水中极易复水复原。

二、主要设备

真空冷冻干燥装置（该装置由干燥室、冷阱、真空系统、控制系统组成）。

三、工艺流程

原料的选取→整理→称量→清洗→沥干→切分→漂烫→布料装盘→预冻→加热脱水干燥（升华和解析）→破坏真空→取出产品→包装→杀菌→存储

四、操作要点

（1）预处理。包括原料（小香葱）的选取、清理，去掉黄叶、败叶等，然后清洗、漂烫、沥干、切分，用布料装盘等。

（2）预冷冻。根据小香葱的共晶点确定一个预冻的温度，当达到此温度以后，再恒温预冷1～2小时。

（3）真空脱水干燥。根据升华脱水的条件抽真空和加热，这包括两个阶段，升华脱水阶段和解析阶段，在这两个阶段中的真空度和加热温度不一样。

（4）停止加热，破坏真空，再取出产品进行包装、杀菌和存储。

第九节　脱水香葱的加工

一、工艺流程

切头→拣菜→大池漂洗→切段→流动洗涤→烘干→挑选→包装

二、操作要点

（1）原料验收。要求新鲜青绿、无枯尖、无枯焦烂叶、无斑点叶及枯霉叶。

（2）切头。用刀切去香葱头部。

（3）拣菜。去除枯尖和干枯霉烂的叶子。

（4）漂洗。将香葱放在流动的含氯水中清洗干净，再剔除不符合要求的香葱。

（5）切段。将香葱放在切菜机中切成5毫米左右的葱段，同时流入下道工序。

（6）洗涤消毒。在含有的流动氯水中洗涤 2～3 分钟，将洗涤过的香葱放在篮中沥干。

（7）烘干。将沥干的香葱段放在不锈钢蒸汽烘干箱中干燥。烘干温度控制在 85℃左右，每次烘干时间约 90 分钟。

（8）挑选。进行两次挑选。主要是拣除杂质等。由于香葱段很小，数量大，人工感观挑选难免有杂质剔除不尽的现象，尤其是有些细微杂质更难剔除。因此应用异物探测器进行验杂，以保证成品中不含铁渣、塑料等杂质，保证香葱的卫生质量。

（9）包装。用双层塑料袋盛装，外套纸箱。

三、质量标准

1. 感官指标

色泽：具翠绿色，色泽均匀一致。

组织形态：具弹性，呈管状，长短基本一致。葱白允许保留 0.2%。

杂质：不得混有。

2. 理化指标

含水量：含水量控制在 8%以内，一般为 5%。

3. 卫生指标

消毒液的残留量及干品的有关微生物数量应符合进口目的要求。

第十节　速冻葱花的加工

一、工艺流程

原料处理→清洗→切割→脱水速冻→包装→检验

二、操作要点

（1）原料处理。挑选白长叶绿，无白斑、无干尖、无烂破叶大葱。把没摘净老皮、白斑、干尖、烂破叶的大葱再摘净，把割去一半葱盘的挑出来。

（2）清洗切割。用凉水将葱上夹带的泥沙、异物洗掉，切后再清洗淘泥沙，把所有泥沙清洗淘净。然后进行切割，切割多少毫米长度，规格多少千克包装，应根据客户的要求确定。

（3）脱水速冻。速冻前应把水脱净，防止速冻结块。速冻温度－35℃左右，冷冻30～40分钟，使成品中心温度达到－15℃以下。

（4）包装。包装间的温度应在0～5℃，塑料袋封口要严密平整，不开口、不破裂，纸箱标明品名、生产厂代号、生产日期、批准号，做到外包装美观牢固，标记清晰、整洁。

（5）检验。检验的卫生指标为细菌总数≤10 000个/克，大肠杆菌≤3个/克，沙门氏菌阴性，金黄色葡萄球菌阴性。

第十一节 保鲜大葱的加工

一、收购

收购组织鲜嫩、质地良好、无病虫害、无机械伤、无病斑、无霉烂的大葱。收购原料放入阴凉处，当天收购当天加工。

二、运输

大葱收获运输中应避免机械损伤，防止葱白折断及叶片破裂。大葱挖出后，抖净泥土，用塑料编织袋打捆。运输时于车厢中直立单层运输，切忌于车厢中摆双层或多层，否则易伤葱叶。大葱原料收获后应立即加工。

三、切根

切去根毛，要用锋利刀片快切，但是注意根盘不能全部切去。

四、去除多余叶片

用气压剥皮枪从大葱杈裆部将皮剥开，剩叶剥去。

五、擦洗

用干净纱布擦去大葱泥土。

六、分级

按直径和葱白长分为：L级：直径2厘米以上，葱白长30厘米以上，叶长25厘米；M级：直径1.5厘米以上2厘米以下，葱白长30厘米，叶长20厘米；S级：直径1厘米以上1.5厘米以下，葱白长25厘米以下，叶长20厘米。也有不分级，直径1.8～2.5厘米，葱白长35～45厘米，叶长15～25厘米，全为合格，沿切板上的标准刻痕，将过长叶片按规格要求切去。

七、包装

用符合国际卫生标准的材料捆扎。一般330克扎为1束。每15束为1箱（长、宽、高为58厘米×15厘米×10厘米），有的直接装箱。

八、预冷

将大葱入库彻底预冷，温度设定为2℃，装运集装箱时温度设定为1～2℃。

第十二节　保鲜香葱的加工

一、工艺流程

收购运输→刷根→剥皮→擦洗→分级→包装→预冷→装运

二、操作要点

（1）收购运输。选择组织鲜嫩、质地良好、无病虫害、无机械伤、无病斑、无霉烂的大葱。收购后的原料放入阴凉处，当天收购当天加工。运输时应避免机械损伤，防止葱白折断及叶片破裂。大葱挖出后，抖净泥土，用塑编袋打捆。运输时于车厢中直立单层运输，切忌于车厢中摆双层或多层，否则易伤葱叶。大葱原料收获后应立即加工。

（2）刷根。香葱的根不切去，根毛需用水洗净，所沾泥土用毛刷刷净。

（3）剥皮。用气压剥皮枪将葱表皮黄烂叶剥去。

（4）擦洗。用干净纱布将葱白、葱叶细心擦净。

（5）分级。香葱长叶不去，要求棵长 60 厘米以上即可，规格分类依据直径进行。L 级：直径 0.9～1 厘米；M 级：直径 0.7～0.9 厘米；S 级：直径 0.5～0.7 厘米。

（6）包装。按照客户要求装入内衬塑料袋的包装箱中，为提高保湿效果，可稍微滴几滴水于袋内。一般用 5 千克装的纸箱（长宽高为 60 厘米×25 厘米×10 厘米）包装。

（7）预冷。入库彻底预冷，温度设定为 2℃，装运集装箱时温度设定为 1～2℃。

（8）装运。装运集装箱时要立式装运，即葱叶向上，葱白向下，于集装箱中立式装运。

第十三节　保鲜洋葱的加工

一、工艺流程

收购→粗挑→带叶挂晒→剪茎→剪根→分级装箱→称重→入库→运输

二、操作要点

（1）收购。收购品种主要是黄皮圆球洋葱和白皮圆球洋葱，要求鳞茎大，质地脆嫩，组织致密，品质优良，葱头良好，无病变霉斑，无畸形，无双心，无机械损伤，无干瘪或发软，表面干净，保留 1 层老皮。注意雨天不能收购，贮存时不能让雨水淋泡，否则易造成洋葱烂心，同时，严禁碰撞及太阳暴晒，以防破坏内部组织而腐烂变质。

（2）粗挑。将霉变、畸形、双心、带机械损伤的洋葱挑出。

（3）带叶挂晒。将圆葱 3～5 个捆绑在一起，置于阴凉透风处挂晒，切忌暴晒。

（4）剪茎。晾晒 4～5 天，待外层表皮有亮光时剪茎，即剪掉过长的假茎，一般以留假茎 1～1.5 厘米为宜。

（5）剪根。将竹片削成小刀形，称之为竹刀，用竹刀将根部泥土根毛刮净。

（6）分级装箱称重。将经过挑选的洋葱分级装入包装箱或网袋中，以洋葱直径大小为标准，一般分为：M 级：直径 6～7 厘米；L 级：直径 7～8 厘米；2L 级：直径 8 厘米以上。

（7）入库。包装完毕，入恒温库预冷、贮存，温度设定为 1℃。

（8）运输。常用的运输方式有半开门普通集装箱运输和恒温箱运输。半开门集装箱运输要求洋葱含水分低，箱体底部用木托盘、木托盘下为 30～40 厘米通风道以利通风。普通集装箱最好用 6 米见方的小集装箱，时间最好于 6 月 20 日之前，6 月 20 日之后需用恒温箱运输，恒温箱温度设定为 1～3℃。

第三章

葱的贮藏技术

第一节 葱的贮藏技术概述

因为大葱葱白耐低温，可忍受 $-30℃$ 以下的低温。大葱在 $0℃$ 以上的低温条件下，还可以慢慢缓解，细胞仍具有活力。因此，用于国内销售的大葱，冬季可用低温贮藏法和微冻贮藏法。低温贮藏的适宜温度为 $0℃$，相对湿度为 $85\%\sim90\%$，微冻贮藏适宜的温度为 $-5\sim-3℃$，相对湿度以 80% 左右为宜。

用于贮藏的大葱，应选假茎粗短、可溶性固形物含量高的品种。适时采收对耐贮藏性和成品率也十分重要。收获过早，耐贮性下降；收获过迟，由于物质转移而降低了成品率。一般在下霜后，管状叶由厚变薄，呈现半枯黄状态时采收为合适。

用于鲜销出口的原料大葱，因为要求组织鲜嫩、质地良好、无病虫害等，特别要求叶片不失水，因此，不能过久贮藏，基本上采取收后立即加工的做法，最多不超过三天。这种短期贮藏方法主要采用冷库贮藏法，即将无伤、无病虫害的大葱打包，用塑编袋将葱每 $3\sim5$ 千克打成 1 捆，竖着放，贮藏在冷库内。库内保持温度 $0\sim1℃$，相对湿度 $80\%\sim85\%$。贮藏期间要定期检查，及时剔出腐烂葱。已加工好的大葱贮藏于冷库内，注意温度和湿度，同样保持库内温度 $1\sim2℃$、相对湿度 $80\%\sim85\%$。即使如此保存，也不要贮藏过久，一般不要超过 2 周。

第二节 圆葱的贮藏技术

一、贮藏技术要点

(一) 圆葱贮藏种类的选择

圆葱的种类很多,以中熟或晚熟的黄皮种类品质较好。

(二) 收获期

圆葱的生育期为 110 天左右。生产上常以植株成熟状况作为收获的标准,即圆葱假茎及叶部变软倒伏,靠近地面的 1、2 片叶已经枯黄,鳞茎的鳞片呈现干燥,并显出特有的色泽是贮藏圆葱的收获适期。一般在 7 月上旬进行收获,过晚,鳞茎易于破裂,也容易掉头,不利于编辫子和贮藏,特别是进入雨季,因不能晾晒易腐烂造成损失。

(三) 晾晒

用小手铲把圆葱带根挖出来后,立即将葱头放在畦埂或垄台上晾晒。叶子向下可防止晾晒中遇雨侵入鳞茎。晾晒 3~4 天后,翻动一次,再晾晒 1~2 天,晒到叶子柔软发黄即可编辫。晾晒时间过长,叶子枯黄易于折断,反而不好编辫;晾晒时间不够,叶子不干,葱脖不软,编辫后,容易腐烂。

(四) 编辫

编辫是为了便于保管、检查、运输和贮藏。编辫前,对晾晒好的圆葱应进行一次挑选,在早晨有露水时,集中人力编辫。辫子长 60~80 厘米,每辫 45~50 头,约 5 千克重。

编好辫子后,葱头朝下,叶向上,放在地面上晾晒,约经 4~5 天后,圆葱叶子由绿变黄,即可贮藏。

二、传统圆葱的贮藏方法

(一) 挂贮

选择向阳干燥通风良好的地方,用木杆搭成人字架,把晒好的圆葱辫挂在木架上,架长 5~6 米,宽 2 米,高 1.6 米,挂的葱辫要离地面 50 厘米左右。辫子上覆盖席子,四周用席子围上,防止雨淋,挂贮法适于贮藏量不大，葱头收获到萌芽前这段时期采用。

（二）垛藏

把晒好的圆葱辫垛起来贮藏。垛藏地点应同挂藏条件一样，用石头或木杆垫起底 50 厘米高，垛宽 60～80 厘米（根据圆葱辫长短而定），垛高 1.5 米，垛长 6 米，垛法是把圆葱辫横摆，垛头要顺放，垛成码头，垛上面覆盖席子防雨。垛藏法适于大量贮藏，特别是圆葱度过休眠期后利用此法萌芽较轻，垛藏初期应控制好垛内湿度，以防烂垛。挂藏和垛藏两种方法结合起来应用效果更好，即先用挂藏，到圆葱萌芽前（立冬）转入室内，采取垛藏。

（三）土坯密封贮藏

此法适于小量贮藏。圆葱收获后晾干，去掉叶子于 7 月间贮存在土坯之中，土坯大小相当于老城墙砖，每块坯可贮葱头 1.0～1.5 千克，用此法贮藏一定要晒干葱头。

（四）贮期管理

主要是防止雨水，应经常检查覆盖物，不致漏垛湿辫，一般不翻动，不倒垛。如晾晒未干或遇雨时，应翻动倒垛进行再晾晒。立冬前后应把露地垛藏的圆葱转移到空房子内垛藏。当葱头逐渐冰冻三分之一时，应盖上草帘子，使其缓慢地进入冻藏。在上市前将冻藏的圆葱放在室内，铺 2～3 层缓冻，经 2～4 天即可上市。

三、圆葱贮藏的新方法

（一）药剂贮藏

药剂贮藏通常采用马来酰肼（MH）抑制发芽。具体做法是：在收获前 1～3 周，喷洒药剂，应注意在喷洒前后 3～5 天不要灌水。喷洒后若遇雨需重喷，喷洒浓度依剂量而定，一般 MH - 30 为 0.15%～0.25%，MH - 40 为 0.25%～0.35%。

（二）气调贮藏

气调贮藏采用快速降氧和自然降氧两种方法。快速降氧贮藏气体控制在：氧气 1%～3%，二氧化碳 10%～15%；自然降氧贮藏则将晾干的葱头装筐，在荫棚内码垛，每垛 500～1 000 千克，用塑料帐封闭，自然降氧，以维持氧气在 3%～6%，二氧化碳 8%～12%。气调贮藏过程中，一般每隔 2～3 天通入一定量的二氧化碳，以抑制细菌繁殖，并用无水氯化钙吸湿。

（三）鲜圆葱的贮藏

鲜圆葱的贮藏属于短期贮藏，主要是为了降低含水量，为长期贮藏创造有利条件。具体方法为：在高燥向阳处，将采后的圆葱茎叶朝上，葱头向下排列，每排茎叶正好盖在前排葱头上，可防晒头、2～3 天翻一次，一般晒 4～6 天，至叶片发黄、发软能编辫时即可。在晾晒过程中防雨淋及晾晒过度，之后编辫，以长 80 厘米、重约 5 千克左右为一辫，编后再把辫摊在地上晾晒 5～6 天，至葱叶全部褪色，葱头充分干燥为止，期间切忌雨淋与曝晒。

晒辫后的洋葱可长期贮藏，应选择地势高，排水良好处，先铺一层秸秆隔潮，然后将葱头一挂一挂堆高 1.5 米左右。最后，在顶部盖 3～4 层草帘，四周也要用两层草帘围好，并用绳子扎紧，在室内贮藏期间不需要覆盖，但应通风良好，在管理上要低温干燥，以减少腐烂和发芽，可延长贮藏期。

第三节　大葱的贮藏技术

大葱喜低温、干燥的环境，贮藏最适宜温度为 -4℃，相对湿度为 70%～80%。民间贮藏大葱的方法很多，主要的贮藏方法如下：

一、沟贮法

大葱收获后，就地晾晒数小时，除去根上的泥土，剔除病株、伤株，捆成 10 千克左右的捆，于通风良好的地方堆放 6 天左右，使大葱外表水分完全阴干，选择背阴通风处挖沟，沟深 33 厘米左右，宽 1.5 米左右，长度以贮量而定，沟距 50～70 厘米。若沟底湿度小，可浇 1 次透水。待水全部下渗后，把葱一捆挨一捆地排放在沟内，使后一捆叶子盖于前捆上部，最好再用 30～35 厘米长的玉米秆靠葱捆周围插 1 圈，以利于通风散热，然后用土埋严实葱白部分。在严寒到来之前，用草帘或玉米秆稍加覆盖即可，这样就可以贮藏到翌年 3 月。

二、埋贮法

将按上述方法经晾晒、挑选、捆把的大葱放在背阴的墙角或冷凉室内，底面铺 1 层湿土，葱的四周用湿土培埋至葱叶处即可。若在室外埋藏，严寒来临前可加盖草苫防冻。此方法原理与沟贮法相同，但不需挖沟，室内室外均可采用。

三、干贮法

将适期收获的大葱晾晒 2～3 天，抖落根上的泥土，剔除病株、伤株，待七成干时，扎成 1 千克左右的葱把，根部向下一把挨一把地排放在干燥通风处。在贮藏期间注意防热与防潮。此方法适宜于家庭贮藏。

四、架贮法

用竹竿或其他架材搭成 2～3 米高的贮藏架，50 厘米厚为一层，每架 4～6 层。经过晾晒选好的大葱，捆成 5 千克左右的葱捆，单层摆放在贮藏架上。若是堆放，通常在垛堆中间插放 1 捆玉米秆作为通风口，以利通风透气，避免腐烂变质。此法通风好，占地少，但水分损耗大，还需要用一定的架材。

五、空心垛藏法

在地势高、平坦、排水方便的地方架仓栅，或在露地用土垫垛基 30～40 厘米高。把经过贮前处理捆好的大葱，根向外、叶向内，垛成空心垛。为保持稳定，每 70～80 厘米高时，可横竖相间放几根小竹竿，一直垛到 2～3 米高。垛顶覆盖苇席或草苫，防止雨淋造成腐烂变质。

六、假植贮藏

在院内或地里挖 1 个浅平地坑，将立冬后收获的大葱，除去伤株、病株，捆成小捆，假植在坑内，用土埋住葱根和葱白部分。埋好后用大水浇灌，以增加土壤湿度，促进萌发新根，减缓葱叶干枯，延长保鲜时间。此法一般适宜于农户贮藏。

七、冻贮法

大葱收获后，晾晒几日，待叶子萎蔫，剔除伤株、病株，抖掉泥土，捆成小捆，放在空房或室外温度变化小、阴凉、干燥的地方，不加任何保温设施任其自然冷冻至严冬，贮藏的大葱全部冻结，待天气转暖时，大葱即可自然解冻。农谚说："不怕冻，就怕动。"大葱在结冻期间切勿搬动，否则，回冻后易引起腐烂。

八、露地越冬贮藏

种植的大葱到了收获季节而不收获，在土地结冻之前，对大葱地垄进行高培土、厚培土，此后即可根据需要随时挖出上市，任何时候售出的都是鲜葱。此法适宜于菜农采用。

九、平地贮藏法

在背阴处的平地上，铺3～4厘米厚的干沙，将晾干捆好的大葱密排在沙上，根朝下，宽1.5米。排好后在四周葱根部培15厘米厚的沙子，等到葱捆内部凉透有微冻时，上盖草帘子，防雨防晒。

十、浅沟贮藏法

在阴凉通风处挖深20～30厘米、宽50～70厘米的浅沟。把选好、晾干的大葱捆成10千克的捆，然后一捆一捆地栽入沟内，四周用玉米秸围一圈，以利通风散热，气温降低到0℃以下时，顶部加盖草帘或玉米秸。

十一、窖藏法

采收后晾晒数日，把大葱捆成10千克左右的捆，直立排放于干燥、有阳光、避雨的地方晾晒。当气温降到0℃以下时，入窖内贮存。窖内保持0℃低温，注意防热防潮。

十二、冷库贮藏法

将无病虫、无损伤的大葱捆成 10 千克左右的捆，装入箱或筐中，放入冷库堆码贮藏。库内保持 0～1℃，相对湿度为 80％～85％，贮藏期间要定期检查，及时剔除腐烂变质的葱株。

无论使用哪种贮藏方法，都要尽量做到温度低而稳定，不可忽冷忽热。如葱株反复上冻，又反复解冻，便会增加损耗，降低品质。

十三、短期保鲜

在阴凉靠墙的地方挖 1 个 20 厘米深的平底坑，坑底铺 0.3 厘米厚的沙子，坑的四周用砖围住，坑的大小根据贮量而定。大葱收获后，先在坑内浇灌 6～7 厘米深的水，待水渗下，立即将大葱放入池内，每隔 3～4 天从池的四角浇些水，这样可保鲜 1 个月左右，而叶子不变黄、不干巴。

选择颜色均匀，粗细一致，葱白较长（20 厘米以上）的大葱，放在粗加工操作台上切叶、切须、冲皮，把明显劣葱（弯曲、烂叶、机械伤、病虫斑）分拣出来，经过筛选进行分级，用真空包装机保鲜密闭包装。

第四章

姜的生物学特性

生姜是我国传统调味品，姜又名地辛、百辣云等，属荷科，是姜科姜属多年生宿根草本植物的新鲜根茎，肉质肥厚，味辛，性微温，具有独特的芳香味和姜辣味。生姜块根含有硅藻土，水分约占 89.1%、蛋白质占 0.6%、脂肪占 0.7%、膳食纤维占 1.3%、碳水化合物占 8.1%、粗纤维占 0.7%、灰分占 0.8%。姜的营养丰富，含有多种对人体有益的营养成分。从生姜中可确认的化学成分目前已达 200 余种，含有 80 多种易挥发的芳香类物质。生姜中的辛辣味成分主要为姜酚、姜酮及姜脑，还含有天门冬氨酸、丝氨酸、甘氨酸等多种氨基酸，维生素 A、维生素 B_1、维生素 B_5 等以及 Ca、P、Fe 等矿物质。

我国生姜资源十分丰富。生姜药食兼备，具营养保健性及多种功效。《本草纲目》记述"姜辛而荤，去邪辟恶，生吃熟食，醋、酱、糟、蜜煎调和，无不宜之，可疏可和，可果可药，其利博矣"。享有"天然抗生素"之称誉的生姜既有去腥调味、减腻解毒的功能，又有促进血液循环，增进食欲、加强消化、开胃健脾。常作为中药用来预防感冒，治疗风湿痛、胃及十二指肠溃疡。近年来许多研究表明，生姜具有抗血小板聚集、降压强心、降血脂；抗动脉粥样硬化、保护胃黏膜、防溃疡；还具有消炎杀菌、保肝利胆、驱虫、镇痛、抗病毒、抗炎症、抗惊厥、抗氧化等作用；姜内含有一种香叶醇的化合物，能增强其他抗肿瘤药物作用，可用于抗肿瘤。在日常生活中，喝一碗生姜红糖水，散寒去邪，开胃增食，早为人们称颂。干姜具有镇痛抗炎，抗缺氧和保护心肌细胞等作用。

第一节　姜的形态特征

姜多年生宿根草本。根茎肉质，肥厚，扁平，有芳香和辛辣味。叶片披针形至条状披针形，长 15～30 厘米，下部两面三刀。花期 6—8 月。根茎鲜品或干品可作为调味品姜经过泡制作为中药材之一，也可以冲泡为草本茶。

一、组织结构

根：浅根性，根系不发达，根数少且短，纵向分布在 30 厘米土壤内，横向扩展半径 30 厘米。根系生长极慢。

茎：草本，植株高约 60～90 厘米，也有达 110～120 厘米；根茎肥厚，成块状，肉质，淡黄色，外被红色鳞片，横走，多分枝，具芳香及辛辣味。

叶：叶片线状披针形至披针形，长 15～25 厘米，宽 2～3 厘米，暗绿色；基部略狭，先端渐尖，全缘，无毛；叶舌膜质，长 0.3～0.5 厘米，光滑，微 2 裂。

花：花茎自根茎长出，长 15～30 厘米，穗状花序，椭圆形，长 4～6 厘米，径 1.5～3 厘米，花稠密；花苞覆瓦状，苞片卵圆形，长 2～2.5 厘米，先端稍硬尖，绿白色，背面边缘黄色；花萼管状，长约 1 厘米，具 3 短齿；花冠乳黄色至绿黄色，长管状，管长 2～2.5 厘米，裂片 3 枚，披针形，唇瓣长椭圆状卵形，带紫色，被黄白色斑点；雄蕊略带紫色；子房 3 室，花柱被花药抱着；热带地区当根状茎瘦小时才抽花茎，顶端着生淡黄色花苞。

果实：果实为蒴果，熟时三裂；种子黑色，数量多，具胚乳。

姜原产于热带多雨的森林地区，要求阴湿而温暖的环境，生育期间的适宜温度为 22～28℃，不耐寒，地上部遇霜冻枯死。地下部也不能忍耐 0℃ 的低温。也不耐热，如温度过高，阳光直射，生长受阻，故在栽培上夏季应遮阴。对土壤湿度的要求严格，抗旱力不强，如长期干旱则茎叶枯萎，姜块不能膨大，但若雨水过多，田间排水不良，会引起徒长和姜块腐烂。

姜对氮磷钾肥的要求：以钾需要最多，氮次之，磷最少。所需养分除由基肥供应外，还需要追肥，苗期以追施氮肥为主，姜块迅速膨大期要补施有机肥或含氮、磷、钾三要素的复合肥。姜忌连作。在腐殖质多的壤土或黏壤土栽培，产量较高，但辛辣味淡，组织较嫩，适于收嫩姜供菜用。若栽培在腐殖质少的沙壤土，产量则较低，但辛辣味较浓，适于作种姜或制姜粉用。

姜适宜生长在低温的沙土地，4月份取母姜种下，5月就会长出像嫩芦苇的苗，但叶子有辛辣味，成对生长，很像竹叶，但比竹叶稍宽。秋分前后就会长出像排列的手指那样的新芽来，这就是最宜食用的子姜。秋分以后长的就差了一些，经过霜冻后就老了，不宜食用。

二、地理分布

原产于印度、东南亚。姜在中国中部、东南部至西南部，来凤、通山、阳新、鄂城、咸宁、大冶各地广为栽培。山东安丘、昌邑、莱芜、平度大泽山出产的大姜尤为知名。亚洲热带地区常见栽培。

第二节　姜的主要品种

一、鲁姜一号

生姜新品种——"鲁姜一号"，是莱芜市农科院利用 ^{60}Co γ 射线，辐照处理"莱芜大姜"后培育出的优质、高产的大姜新品种，多年的试验表明，该品种具有很好的丰产、稳产性能。它与莱芜大姜相比，具有以下优点：

（1）单产高，增产幅度大。经大田试验表明，该品种平均单株姜块重1千克，亩产高达 4 552.1 千克（鲜姜 5 302.5 千克），比莱芜大姜增产20%以上。

（2）商品性状好，市场竞争力强。该品种姜块大且以单片为主，姜块肥大丰满，姜丝少，肉细而脆，辛辣味适中。

（3）姜苗粗壮，长势旺盛。相同栽培条件下，该品种地上茎分枝数10～15个，略少于莱芜大姜，但姜苗粗壮，长势较旺，平均株高110厘米左右。

（4）叶片开展、宽大，叶色浓绿。该品种叶片平展、开张，叶色浓绿，上部叶片集中，光合有效面积大。

（5）根系稀少、粗壮。该品种地下肉质根较莱芜大姜数量少，但根系粗壮，吸收能力强。

二、西林火姜

西林火姜，又名细肉姜，株高 50～80 厘米，分枝较多，姜球较小，个体匀称，呈双层排列，根、茎皮肉皆为淡黄色，嫩芽紫红色，肉质致密，辛辣味浓，一般亩产 0.8～1 吨。分布在西林县各乡（镇）种植。产品特点：火姜中含有浓郁的挥发油和姜辣素，是人们喜爱的重要调味品。产品可加工成烤姜块、烤姜片，经深加工可制成姜粉、姜汁、姜油、姜晶、姜露和酱渍姜等系列姜产品。西林火姜是医学上良好的健胃、祛寒和发汗剂。目前，西林县已注册"江林"牌姜晶系列产品。生产规模：西林县年种植火姜面积一般在 5 万亩左右，总产量 12.5 万吨。生姜收获季节在每年的 12 月。

三、闭鞘姜

分布于我国台湾、广东、广西、云南等地，东南亚及南亚地区也有分布。喜温暖湿润气候，宜林下半阴湿润地生长。喜湿润、疏松、富含腐殖质的土壤。具根状块茎，株高 1～2 米，顶部常分枝，叶矩圆形或披针形，叶背被绢毛。穗状花序椭圆形顶生，长约 10 厘米，苞片红色，花白色，花大而明显。春季分株繁殖，也可用种子繁殖。

四、安姜 2 号

安姜 2 号是西北农林科技大学选育的黄姜新品种，该品种丰产性好、抗性强，皂素含量中等偏上，是综合性状良好的黄姜品种。叶片（植株上较大的叶片）长 5.6～6.4 厘米，宽 4.6～6.4 厘米，长宽近相等，为花叶型，七条叶脉呈细而均匀浅绿色带，果穗上着生 3～7 个蒴果，根茎黑褐色，三出分枝，其中一个芽头长，其余两个芽头短，芽头较少。

该品种已经推广到陕西省安康市旬阳县、白河县、汉滨区、岚皋县、杨凌示范区，甘肃省两当县、湖北省宜昌县及四川省等地。该产品是首次通过国家正式审定的黄姜品种，2003 年 1 月 3 日审定。最适海拔 800 米以下的阳坡、半阳坡和排水良好的平地，适宜中性偏酸的土壤，耐旱和耐瘠薄均较好。栽培条件下，两年生每亩产 1 500～4 000 千克，薯蓣皂素含量 2.0%～3.0%；生长旺盛，感病少，偶感叶炭疽病和茎基腐病，感病率低于 10%。

五、山农 1 号

山农 1 号（全称山东农业大学 1 号）是山东农业大学史洪国联合母校多位育种专家历经 5 年培育成功的生姜新品种，山农 1 号株高 82.4 厘米，分枝数 12.1 枚，分别比莱芜大姜低 7.3% 和 17.1%，但茎粗及根茎鲜重分别比莱芜大姜高 14.0% 和 29.6%。山农 1 号的叶片较大，产量较高，适于保鲜加工出口，极具推广价值。

六、密轮细肉姜

又称双排肉姜，株高 60～80 厘米，叶披针形，青绿色，分枝力强，分枝较多，姜球较少，呈双层排列。根茎皮肉皆为淡黄色，肉质致密，纤维较多，辛辣味稍浓，抗旱和抗病力较强，忌土壤过湿，一般单株重 700～1 500 克，间作，亩产 800～1 000 千克。

七、疏轮大肉姜

疏轮大肉姜又称单排大肉姜，植株较高大，一般株高 70～80 厘米，叶披针形，深绿色，分枝较少，茎粗 1.2～1.5 厘米，根茎肥大，皮淡黄色，肉黄白色，嫩芽为粉红色，姜球成单层排列，纤维较少，质地细嫩，品质优良，产量较高，但抗病性稍差。一般单株根茎重 1 000～2 000 克，间作亩产 1 000～1 500 千克。

八、莱芜片姜

莱芜片姜，生长势较强，一般株高 70～80 厘米，叶披针形，叶色翠绿，分枝性强，每株具 10～15 个分枝，多者可达 20 枚以上，属密苗类型。根茎黄皮黄肉，姜球数较多，且排列紧密，节间较短。姜球上部鳞片呈淡红色，根茎肉质细嫩，辛香味浓，品质优良，耐贮耐运。一般单株根茎重 300～400 克，大者可达 1 000 克左右。一般亩产 1 500～2 000 千克，高者可达 3 000～3 500 千克。

九、台湾肥姜

"台湾肥姜"全生育期 210 天左右。株高 80 厘米左右，高的达 1 米以上。单株分枝一般为 9～13 个，多的可达 18 个。叶披针形，最长叶片长 20～30 厘米，叶宽 3.5 厘米左右，叶绿色。地上茎直立、绿色，地上茎粗 1.3 厘米左右。根状茎肥大，一般 7 节，刚收获时子姜土黄色，芽鞘呈粉红色。根状茎肉色或淡黄色，粗纤维少，辛辣味适中。喜阴湿，怕涝。经将乐县植保站品种示范片田间病害调查发现姜瘟病。单株根状茎重 550 克左右，一般亩产量 2 000～2 500 千克，高产者可达 3 000 千克。"台湾肥姜"适宜于福建省种植。三明地区 4 月上旬定植，每亩种植 4 500～5 500 株。生产上注意轮作，注意姜种消毒，及时拔除姜瘟病病株，喷药防治。

第三节　姜的栽培技术

一、栽培制度及季节

生姜可以净种，也可间套种，龙庆黄姜一般在清明前后，蚕桑树地里播种。间套种可利用高秆搭架作物如瓜、豆架下种植，也可以在包谷行间间作，起到遮阴作用。

二、选地、整地及施肥

姜忌连作，最好与水稻、葱蒜类及瓜、豆类作物轮作，并选择土层深厚，肥沃疏松，排水良好的壤土或砂壤土，姜畏强光，应选适当荫蔽的地方栽种。姜生长期长，产量高，需肥量大，每亩农肥不少于 3 000 千克，并施入硫酸钾 20 千克或复合肥 30 千克作底肥，以充分满足姜对营养的需求，畦面一般作成高畦。

三、选种、播种

播种前要精选姜种，剔除霉变、腐烂、干瘪的病弱姜块。种姜要选择 50～100 克有 1～2 个壮芽的姜块为好，太大的姜块也可播种但需种量大，成本高，可以用刀切或用手掰开，但伤口应用草木灰或石灰消毒后再播。播种前最好用药剂浸种催芽，方法是将种姜摊开晾晒 1～2 天然后用 1：1：120 的波尔多液浸种 10 分钟，然后将种姜捞出后，用潮砂子将其层层堆码好用薄膜覆盖，厚度约 30～40 厘米，温度保持在 20～30℃，8～10 天即可出芽，根据芽的大小、强弱分级播种。每亩用种量 300～500 千克。

一般排姜多用打沟条播，行距 35～40 厘米，株距 26～30 厘米，沟深 10～12 厘米。打塘播，可按株行距 33 厘米，塘深 7～8 厘米。沟、塘打好后，将姜种斜放，芽朝一个方向排列，排好后用充分腐熟的农家肥或土杂肥覆盖，厚度 6～8 厘米，再盖少量土壤即可。

四、田间管理

姜排好后如土壤湿润不需浇水即可出苗，如果土壤干燥应浇一次水，但不宜过多。出苗后视土壤墒情及植株长相适时浇灌，高温期提倡早浇，晚浇，雨季要注意排涝。

姜在生长期中要进行多次中耕松土及追肥培土工作，当苗高 15 厘米左右时结合中耕、除草进行培土，追肥以人粪尿为主，并配合喷洒地果壮蒂灵，培土 3 厘米。随着分蘖的增加，每出一苗再追一次肥培一次土，培土厚度以不埋没苗尖为度，总计培土 3～4 次，使原来的种植沟变成垅。培土可以抑制过多的分蘖，使姜块肥大。姜怕强光，可在行间套种玉米或上架豆类，也可搭荫棚或插树枝、蒿秆遮阴。

五、病虫防治

姜的虫害有玉米螟，病害主要是姜腐败病即姜瘟，主要为害叶及根茎部，以高温期发病重。

姜腐败病，是一种细菌性病害，防治方法如下：

（1）实施轮作换茬，剔除病姜，并做消毒浸种。

（2）增施钾肥，保持土壤湿润，但不宜过湿，雨季要及时排水，发现病株及时拔除。

（3）发病初期用50％的代森铵800倍液喷洒，每7～10天1次，连续2～3次。

主要虫害是6—7月间玉米螟危害，幼虫钻进茎内，使心叶枯黄，可用50％敌百虫800倍液或500～1 000倍液2.5％敌杀死，在苗期每隔10～15天喷洒1次，到8月份，多喷心叶。

六、采收留种

生姜一季栽培，全年消费，7—8月即可陆续采收，早采产量低，但产值高，在生产实践中，菜农根据市场需要进行分次采收。

（一）收种姜

即当植株有5～6片叶时，采收种姜。方法用小锄或铲撬开土壤，轻轻拿下种姜，取出老姜后，马上覆土并及时追肥。种姜不蚀本，所以农谚有"姜够本"之说。

（二）收嫩姜（子姜）

立秋后可以采收新姜即子姜，新姜肥嫩，适于鲜食及加工，采收愈早，产量愈低，主要由市场情况决定。

（三）收老姜

霜降前后，茎叶枯黄，即可采收，此时采收产量高，辣味重，耐贮藏，可作加工、食用及留种。南部无霜地区可割去地上茎叶，上盖稻草等覆盖物，可根据需要随时采收或留种，但土壤湿度不宜太大。留种用的姜，应设采种田，生长期内多施磷钾肥，少施氮肥。选晴天采收，选择根茎粗壮、充实、无病虫及损伤姜块，单独贮存，在贮藏期经常检查，拣出病、坏姜。

七、中药属性

生姜味辛性温，长于发散风寒、化痰止咳，又能温中止呕、解毒，临床上常用于治疗外感风寒及胃寒呕逆等症，前人称之为"呕家圣药"。姜炙法就是取生姜的这些特性，用姜汁这一辅料对药物进行泡制，来增强药物祛痰止咳、降逆止呕的作用，并降低其毒副作用。如竹茹生用长于清热化痰，姜炙后可增强其降逆止呕的功效；厚朴其味辛辣，对咽喉有刺激性，通过姜炙可消除其刺激咽喉的副作用，并能增强宽中和胃的功效；黄连姜炙后可缓和其过于苦寒之性，并善治胃热呕吐。

干姜虽与生姜同出一物，但由于鲜干质量不同其性能亦异。干姜性热，辛烈之性较强，长于温中回阳，兼能温肺化饮，临床上常用于治疗中焦虚寒、阳衰欲脱与寒饮犯肺喘咳等征。用干姜制备的姜汁与生姜汁的性能也不一样。如用干姜制备的姜汁泡制药物，必将影响药物的泡制效果，达不到药物泡制的目的，就不能增强具有降逆止呕作用的功效。

按中医理论，生姜是助阳之品，自古以来中医素有"男子不可百日无姜"之语。宋代诗人苏轼在《东坡杂记》中记述杭州钱塘净慈寺80多岁的老和尚，面色童相，"自言服生姜40年，故不老云"。生姜还有个别名叫"还魂草"，而姜汤也叫"还魂汤"。功效：生姜具有解毒杀菌的作用，生姜中的姜辣素进入体内，能产生一种抗氧化酶，它有很强的对付氧自由基的本领。生姜能刺激胃黏膜，引起血管运动中枢及交感神经的反射性兴奋，促进血液循环，振奋胃功能，达到健胃、止痛、发汗、解热的作用。姜还能增强胃液的分泌和肠壁的蠕动，从而帮助消化。生姜中的姜烯、姜酮还有明显的止呕吐作用。生姜具有显著抑制皮肤真菌和杀死阴道滴虫的功效，可治疗各种痈肿疮毒。生姜有抑制癌细胞活性、降低癌的毒害作用，具有防癌的功效。生姜具有发汗解表，温肺止咳、解毒的功效，可治外感风寒、胃寒呕吐、风寒咳嗽、腹痛腹泻等病症。值得注意的是，生姜不宜在夜间大量食用，其姜酚刺激肠道蠕动白天可以增强脾胃作用，夜晚可能影响睡眠损伤肠道，故夜晚不宜大量食用。

第四节　姜的医药价值及保健功效

一、医用价值

（一）性能

味辛，性温。能开胃止呕，化痰止咳，发汗解表。

（二）主要成分

含挥发油，主要为姜醇、姜烯、水芹烯、柠檬醛、芳樟醇等；又含辣味成分姜辣素，分解生成姜酮、姜烯酮等。此外，含天门冬素、谷氨酸、天门冬氨酸、丝氨酸、甘氨酸、苏氨酸、丙氨酸等。

（三）作用

口嚼生姜，有助于血压升高。姜辣素对口腔和胃黏膜有刺激作用，能促进消化液分泌，增进食欲。可使肠张力、节律和蠕动增加。有末梢性镇吐作用，有效成分为姜酮和姜烯酮的混合物。对呼吸道和血管运动中枢有兴奋作用，能促进血液循环。体外实验，对伤寒杆菌、霍乱弧菌有明显的抑制作用。

（四）用途

用于脾胃虚寒，食欲减退，恶心呕吐，或痰饮呕吐，胃气不和的呕吐；风寒或寒痰咳嗽，感冒风寒，恶风发热，鼻塞头痛等。

（五）用法

煎汤，绞汁服，或作调味品。子姜多作菜食。

（六）注意

阴虚，内有实热，或患痔疮者忌用。久服积热，损阴伤目。高血压病人亦不宜多食。

（七）附方

1. 凉拌子姜

子姜 30～60 克，切成细丝，加醋、盐适量拌食；亦可再加适量白糖、芝麻油。该品以醋、盐等拌食有很好的开胃和中、止呕作用；味微辛辣而酸，但不甚温热。用于胃气不和而偏寒的呕逆少食。《食医心镜》中用生姜细粒，与醋同煎，连渣嚼服，用于治呕吐。

2. 生姜半夏汤

半夏 12 克，煎汤取汁，加生姜汁适量，一同煎沸，分 4 次服用。源于《金匮要略》。半夏、生姜汁均善止呕，合用益佳，并有开胃和中之功，用于胃气不和，呕哕不安。

3. 生姜饴糖汤

生姜 30～60 克，饴糖 30 克，加水煎成浓汤，趁温热徐徐饮。源于

《本草汇言》。本方以生姜温肺化痰、止咳，饴糖润肺被虚，用于虚寒性咳嗽咳痰。

4. 紫苏生姜汤

紫苏叶 30 克，生姜 9 克，煎汤饮。源于《本草汇言》。本方取紫苏叶发汗、解表散寒，用生姜以增强其作用。不仅便于服用，且有益胃气、助发汗。

5. 姜汤

有改善寒性体质的功能，增强免疫力，有助于恢复体力，是比较好的驱寒食物。

二、保健功效

（一）抗氧化，抑制肿瘤

生姜中所含的姜辣素和二苯基庚烷类化合物的结构均具有很强的抗氧化和清除自由基作用，抑制肿瘤。吃姜能抗衰老，老年人常吃生姜可除"老人斑"。

（二）开胃健脾，促进食欲

在炎热的夏天，因为人体唾液、胃液分泌会减少，因而影响食欲，如果饭前吃几片生姜，可刺激唾液、胃液和消化液分泌，增加胃肠蠕动，增进食欲。这就是人们常说的"冬吃萝卜，夏吃姜""饭不香，吃生姜"的道理。

（三）防暑、降温、提神

在炎热的时候生姜有兴奋、排汗降温、提神作用。对一般暑热表现为头昏、心悸、胸闷恶心等的病人，适当喝点姜汤大有裨益。中国传统的防暑中成药——人丹就含有生姜成分，其作用就是健胃、提神、醒脑。

（四）杀菌解毒

科学研究发现，生姜能起到某些抗生素的作用，尤其是对沙门氏菌效果更好。在炎热的夏季，食品容易受到细菌的污染，而且生长繁殖快，容易引起急性胃肠炎，适量吃些生姜可起到防治作用。生姜提取液具有显著抑制皮肤真菌和杀灭阴道滴虫的功效，可治疗各种痈肿疮毒。另外，可用生姜水含漱，治疗口臭和牙周炎。

（五）防晕车，治恶心呕吐

是指由于某些运动而引起的"运动适应不良征候群"。有研究证明，生姜干粉对运动病之头痛、眩晕、恶心、呕吐等症状有效率达 90%，且药效可持续 4 小时以上。民间用吃生姜防晕车、晕船，或贴内关穴，有明显的效果因此而有"呕家圣药"之誉。

三、食用指导

（一）适宜人群

一般人群均可食用。特别适合以下人群适用：

（1）伤风感冒、寒性痛经、晕车晕船者食用。

（2）阴虚内热及邪热亢盛者可少量食用。

（3）体质偏寒的人可大量食用。

（二）烹饪指导

（1）吃饭不香或饭量减少时吃上几片姜或者在菜果放上一点嫩姜，都能改善食欲，增加饭量。

（2）姜可煎汤内服，佐料，入菜炒食，或切片炙穴位。老姜可做调料或配料，嫩姜可用于炒、拌、爆等，如"嫩姜炒牛肉丝""嫩姜爆鸭丝"等。

（3）吃姜一次不宜过多，以免吸收大量姜辣素，在经肾脏排泄过程中会刺激肾脏，并产生口干、咽痛、便秘等"上火"症状。

（4）烂姜、冻姜不要吃，因为姜变质后会产生致癌物，由于姜性温热，有解表功效，所以只能在受寒的情况下作为食疗应用。

（三）烹调用途

生姜是重要的调料品，因为其味清辣，只将食物的异味挥散，而不将食品混成辣味，宜作荤腥菜的调味品，亦用于糕饼糖果制作，如姜饼、姜糖等。

（四）生活窍门

1. 去姜皮的窍门

姜的形状弯曲不平，体积又小，消除姜皮十分麻烦，可用啤酒的酒瓶盖周围的齿来削姜皮，既快又方便。

2. 姜的品质要求

修整干净，不带泥土、毛根、不烂、无蔫萎、虫伤，无受热、受冻现象。姜受热，生白毛，皮变红，易烂；受冻则皮软，外皮脱落，手捏流姜汁。

姜可以使人少生病，夏天生病的少是因为天热，细菌被杀死了，姜是天然热源，改善体质，使人少生病。

3. 养生妙用

（1）姜丝催人早入眠。

其方法是：每日睡前取一大块鲜姜，洗净后切成细丝，将其放入不加盖的小盒中，然后放在枕边。躺下后，姜丝在枕边沁香扑鼻，渐渐会在大脑中转化为一种安逸感，绷紧的心绪很快便会松弛下来，随之便会安然入睡。第二天，可以把用过的姜丝风干后积存起来，到时用热水将其与红枣一同冲泡，再加点蜂蜜饮用，不失为一种养生饮品。

（2）姜块儿治咽炎。

由于鲜姜较之大蒜同样具有较强的灭菌作用，不但可杀死许多病毒，还能杀灭某些对抗生素有抗药性的细菌，长期口含，对咽部消炎大有裨益。

注意：生姜性辛温，不宜一次食入过多，痈肿疮疖、目赤内热、便秘、痔疮患者不宜食用。

第五章

姜的加工技术

第一节　姜油的加工

一、姜油的加工

把选好的姜去泥、洗净、晾干（或烘干）、切碎，入蒸馏锅内，经高温、高压蒸煮后，再把蒸发出来的汽液冷却、浓缩，加工后即是姜油。姜油再经过提炼，可制姜油酮、姜油酚及香精等产品。

（一）姜油的加工工艺

将干姜块碾碎后，再经过蒸馏提炼。水蒸气蒸馏法通常采用水上蒸馏器、冷凝器、姜油收集器等进行。

蒸馏工艺为：把水倒入多孔隔板下面的铁锅内，隔板上面放置姜原料，加热使水沸腾产生蒸汽，蒸汽通过隔板上的姜料，使姜油气化，水蒸气与姜油气体通过鹅颈进入冷凝器，冷凝后再进入收集器。油水分离后即可得到姜油。

（二）蒸馏时的注意事项

（1）被蒸馏的姜料大小须均匀，放置于蒸馏器内时要有适当空隙，使蒸汽能均匀上升通过，故原料不能太大或太小。如过大，蒸汽上升所受到的阻力太小，易从空隙中逃逸而去，不能与物料均匀接触；如过小，则会阻碍蒸汽上升，使之不能与物料均匀接触，这样都会降低得油率。

（2）冷凝器的高度应适当，使冷凝物可通过收集器自然流入油水分离器。

（3）应经常注意锅内水位，防止烧干烧焦。一般应把油水分离后的水作为回水，重新返回到蒸馏锅内，以提高得油率。

（4）冷凝器的冷却水应保持一定的水位，勿使温度过高过低，冷水应从桶底加进，一般用管子导入桶内。凡有条件的地方，加工姜油宜采用水蒸气法。其受热面大，省燃料，蒸馏速度快，得油率高，但适于移动性不大的生产单位使用。

（三）姜油膏的制备

取鲜姜洗净泥土和杂质后粉碎，压榨姜汁，然后加适量水搅拌均匀再压榨，再加适量水搅拌后又压榨，如此操作 4～5 次后，将各次的压榨汁合并、静置，分离出沉淀和上清液。沉淀即为姜淀粉，具有较浓的姜辣味，干燥后可作为调味品或其他食品的添加剂，过滤的上清液加热或减压浓缩至清膏即成姜油膏，比重约为 1.25。

二、姜油树脂微胶囊的加工

（一）微胶囊制备方法

称取一定量的 β-环糊精，加入蒸馏水摇匀，加热溶解，冷却至 40℃，加入一定量的姜油树脂和无水乙醇的溶液，充分振摇，超声处理一段时间后，静置 24 小时，抽滤、抽滤后的沉淀继续用无水乙醇缓慢冲洗，然后将沉淀于 −18℃下冻结 24 小时后，真空冷冻干燥即可。

（二）姜油树脂微胶囊的加工工艺

β-环糊精包埋姜油树脂工艺过程中利用超声波处理，在姜油树脂（毫升）：β-环糊精（克）为 1:8，处理时间 30 分钟，处理强度 500 瓦，加水量为 80 毫升时，姜油树脂的最大包埋率可达 97.21%。微胶囊产品为淡乳黄色粉末，颗粒流动性好，近闻有淡淡的生姜的香味，在加热或溶解过程中有典型的生姜风味，产品得收率为 95.05%，颗粒大小在 8 微米左右，溶解性和颗粒分散性较好，热稳定性高，产品含水率为 4.68%，产品密度为 0.397 4×10³ 千克/立方米，产品质量符合一般微胶囊产品标准。

（三）微胶囊产品质量评定

1. 颗粒大小

在光学显微镜 100 倍下，观察微胶囊化的姜油树脂，为近似球型，颗粒大小较为均匀一致，以测微尺计量粒径大小都在 8 微米左右，一般微胶囊产品的颗粒大小在 5～200 微米的范围内，因此该产品的颗粒大小符合一般的微胶囊产品的要求。

2. 溶解性

根据前述方法，微胶囊产品的溶解时间为 96 秒，将溶液静置 1 小时后观察，只有少量油脂浮在表面，说明该方法生产的微胶囊产品溶解性、分散性和包埋效果都比较好。

3. 产品密度

根据前述方法，准确称取 1.450 4 克产品，测其体积为 3.65 毫升，因此产品密度为 $0.397\ 4 \times 10^3$ 千克/立方米。

4. 含水率

准确称取微胶囊产品为 2.419 克，置于 105℃的烘箱中 3 小时后，称重为 2.307 克，产品的含水率为 4.63%，符合一般微胶囊产品的要求。

第二节　姜脯的加工

一、低辣味姜脯的加工

生姜糖制品，即可作调味品，又可作为保健小食品直接食用，很受人们青睐。但是，传统姜脯辣味太浓，每次食用量极少，特别是儿童更不敢问津。我们采用严格选择原料，盐水浸泡，挂糖衣等工艺，研制成功低辣味姜脯。生活中，喝一碗生姜红糖水，散寒去邪，开胃增食，早为人们称颂。近年来，生姜广泛用于保健食品中，姜汁、姜油、姜饮料深受人们喜爱，特别是姜脯，是人们外出旅游、坐车乘船的好伴侣。

二、加工工艺流程

原料选择→洗涤→去皮→切片→盐水浸泡→冲洗浸硫→真空抽浸→挂糖衣→烘烤→挑选包装。

三、操作要点

1. 原料选择

选寒露前收获的个大质地白嫩的姜块，寒露后收获或收获后经过窖藏的生姜不宜加工低辣味姜脯。

2. 洗涤、去皮、切片

把选好的鲜姜洗涤干净，放入桶内，加水后用棍棒搅捣，脱去姜皮，若有擦皮机更好，把脱皮的姜块洗净，沥干水分，用手工或切片机切成3～5毫米姜片。

3. 盐水浸泡

把姜片放入2%的盐水中，盐水同姜片的重量比为2∶1，温度在20℃左右浸泡8小时，温度在30℃左右浸泡5小时。一次浸完后，再换入新的盐水用同样方法复浸一次，通过两次浸泡，姜片的辣味降低。

4. 浸硫冲洗

把盐水浸泡后的姜片沥干水分，然后放入浓度为0.3%～0.4%亚硫酸钠溶液中浸泡15～20分钟，用清水冲洗一遍，捞出沥干。

5. 真空抽浸

配制浓度70%的糖液，加热至85～90℃，再加入0.2%柠檬酸，然后降温至50～60℃，同姜片一起放入真空渗糖机中，在真空度866～930千帕的条件下抽浸30分钟。然后连糖液一起，倒入缸中，在常温下浸糖9～10小时。

6. 挂糖衣

把浸泡后的糖液沥出，放入锅中，边加热边加入蔗糖，使糖液浓度达到80%～85%，煮沸后加入浸好糖的姜片，再加热5～7分钟，捞出姜片，沥去多余糖液。

7. 烘烤

把挂好糖衣的姜片均匀摊放在烤盘上，送入烘烤炉，温度控制在65～68℃，烘8小时翻动一次，再复烘8小时左右即可。

8. 挑选包装

挑选表面干燥、不粘手、烘烤合格的姜片包装，把过湿及粘在一起的姜片重新烘烤。如果采用常压煮制工艺，只是把真空抽浸工艺改为逐次提高糖液浓度煮制，延长浸糖时间即可，其他工艺流程不变。

四、成品质量标准

1. 感官指标

色泽：黄白色，色泽一致，半透明状。

形状：片型完整，厚薄均匀，柔软带韧性，不返砂，不流糖。

口感：甜微辣，姜味浓，无异味。

杂质：不允许存在。

2. 理化指标

含水量：18％～20％。

总糖含量：65％～68％。

还原糖（占总糖）：55％～60％。

重金属含量：每千克姜脯含锡＜200 毫克，含铜＜10 毫克，含铝＜2 毫克。

3. 卫生指标

细菌总数：每 1 克姜脯中不超过 500 个。

大肠菌群：每 100 克姜脯中不超过 30 个，无致病菌和变质现象。

五、普通姜脯的加工

(一) 姜脯加工工艺流程

选料→去皮→预煮→糖煮→糖清→干燥→包装

(二) 操作要点

1. 选料

制作姜脯的块茎，以纤维尚未硬化变老，但又具备了生姜辛辣味的较嫩姜为佳。太嫩缺少辛辣和芳香，太老纤维硬化，影响化渣。要选择新鲜、肥大、无腐烂、无虫蛀的生姜为原料。

2. 去皮

用手工刮制或用其他方法去掉姜的外层薄皮，修整去掉柄蒂，用清水洗净并沥干水分。然后用切片机或刨刀切成 0.5 毫米的姜片，放入 5％的食盐水中浸泡 8～10 小时。

3. 预煮

锅中配制 0.2％的明矾水溶液煮沸，把姜片从盐水中捞出放入锅中煮至八成熟，取出姜片放入冷水中有透明感时捞出，用冷水冲凉，放入 0.2％的有机酸水溶液中，浸泡 12～16 小时。

4. 糖渍

每 50 克原料，取糖 20 千克，分层将其糖渍起来，最后撒一层白糖把姜片盖住。糖渍 24 小时。

5. 糖煮

糖煮可分两次进行。第一次糖煮将姜片连同糖液一齐倒入锅中，加热煮沸后，分三次加入白糖共 15 千克，约煮 1 小时后，将姜片及糖液移入缸中浸泡 24 小时。第二次糖煮将姜片同糖液倾入锅中煮沸，再分三次加入白糖共 15 千克，煮至糖液可拉成丝状为止（此时糖液的浓度已达 80% 以上）。这时将姜片捞出放在瓷盘中，开动冷风机进行挑砂。如不干时可拌入一些糖粉。然后将成品摊开晾晒，或在低温下（50℃）进行烘烤，待水分含量为 18% 左右即为成品。

6. 包装

包装前须进行分级挑选，并进行检验，合格品装入包装箱中。

（三）产品质量要求

产品色白或淡黄，浸糖饱满，组织不干瘪，肉质脆嫩，甜中微酸，并有原姜的风味，含糖量在 68%～78%，水分含量在 16%～18%。

第三节　姜片的加工

一、干姜片的加工

把生姜加工成干姜片或干姜块出售，是致富的好路子，特别是近年干姜好销价高，加工干姜大有可为。

（一）选料

加工干姜片以贵州姜为最好，火姜和肉姜较差。贵州姜水分少，肉结实，个短，加工成品质量好，一般能出 20% 的干姜。

（二）加工工艺流程

鲜姜→采收→清洗→切分→熏制→晾晒→包装→成品

（三）操作要点

1. 切分

加工干姜用的鲜姜要适时采收，收获后要及时用清水洗净，然后用刀纵切，一般每块两刀切成三片即可。不要切的太薄，否则成数低，质量也差。如果加工成干姜块需要脱皮，先准备小水缸，把姜切成适当的块，置于小缸内，加水浸过姜面，然后用手搓姜，当姜的大部分皮已脱落，再把姜取出用清水洗净，捞出控干水分，准备入窑熏制。

2. 熏制

用砖砌成方型熏窑，窑的大小视姜的多少而定，一般做成可容 200～250 千克生姜即可。熏窑内用木条搭好架，架高离地面 25 厘米，架下向外面开好窑口，再用竹垫放在架上，把姜放在垫上。熏时用麻袋把姜盖严，点燃硫黄放在窑内。窑口用布盖严，3～6 小时查看 1 次，硫黄熄了再点燃，每 50 千克生姜需用硫黄 0.025 千克。一般姜片熏 40～50 小时，姜块熏 50～60 小时，生姜变白后即可停火。然后把姜片（块）取出摊放在凉席上，在阳光下曝晒，初晒时每天翻动 1～2 次，姜片晒 4～5 天，姜块晒 5～6 天，即为成品。最后，每 0.5 千克或 1 千克装一袋，用塑料封口机封口，即可外销。

二、红姜片的加工

（一）加工工艺流程

生姜→洗净→去皮→切片→漂水→晾晒→糖煮→染色→晾晒→包装→成品

（二）操作要点

1. 漂水

将生姜洗净去皮后切成片漂水 5～7 天，再换水漂洗 7～10 天。捞出姜片，晾干表面水分后进行糖煮蒸制。

2. 糖煮

当姜片达到透黄鲜亮后冷却，再按一层姜片一层白砂糖的程序放入缸内，同时每千克姜片加食盐 5～8 千克，20～30 分钟后部分糖和食盐便会溶化，渗透到姜片组织内，然后进行低温处理，使姜片上粘凝白砂糖。

3. 染色

按每 100 千克姜片加食用胭脂红 3.5 克的比例，用 3 千克开水兑成食用胭脂红稀释液，倒入姜片缸内拌匀，给姜片染色，经 25 天左右即成。

三、糖姜片的加工

糖姜片即辣又甜开胃，少食有益健康。

（一）加工工艺流程

选料→洗涤→切片→漂洗→一次浸糖→二次浸糖→炒片→摊晾→包装。

（二）操作要点

1. 材料

选用优质白砂糖和成熟无霉烂的刚采收的新鲜黄姜。

2. 洗涤

将准备好的黄姜用清水洗涤，去掉泥沙等杂物。

3. 切片

把洗涤好的黄姜按块掰开，在木板上用不锈钢刀具横向切片，刀与黄姜内部的纤维垂直或稍斜。切片要求：一要均匀，二要尽量切薄，这样有利于快速和均匀浸糖。

4. 漂洗

将切好的姜片放在调制好的饱和石灰水中浸泡 5 分钟捞出沥干，再用清水冲洗 2～3 遍，除去碱液。

5. 浸糖

把漂洗后的黄姜片放入调制好的浓度为 25％的蔗糖溶液中，每隔 4 小时搅动一次，浸泡 2 天，再捞出放入配制好的 45％的蔗糖溶液中浸泡 3～5 天，姜片泡透吃糖均匀，即可捞出沥去糖水备用。

6. 炒片

将泡好捞出的姜片放在不锈钢锅或其他非铁制锅中，烧火炒作，利用小木板或竹板翻搅，使之受热均匀、不糊锅，慢慢蒸去水分。炒至姜片干爽，较硬，表面有糖结晶析出时即可出锅。

7. 摊晾

把炒好的姜片放在洁净卫生的木板、竹席或其他适当的地方，摊开晾制，待姜片干挺，表面布满结晶析出的糖，里面呈黄色即可。

8. 包装

采用食品包装用塑料将做好姜片按不同重量包装即可（塑料袋上印上商标，或将印制好的商标说明放在袋内）。

四、糖醋姜片的加工

糖醋姜片香甜可口，有镇吐开胃，祛风寒之效。

（一）加工工艺流程

鲜姜→去皮→洗净→腌制→姜坯→水洗→醋渍→着色→糖渍→成品

（二）操作要点

1. 鲜姜制坯

选姜肉肥硕坚实、不老不嫩的姜，去皮洗净，沥干水分后倒入腌制池中。

2. 腌制

按 20% 的比例加盐，每放 20 厘米厚姜块撒盐一层，最上一层要多放 0.5~1 千克盐。装满池后盖上竹笆，再按其重量 20% 的比例压石块，腌制 2 天，使之初步脱水。然后捞入笋筐内沥去水（2~3 小时），倒入干池中，再按 15% 的比例，每放 20 厘米厚的姜加盐一层，最上层仍多加 0.5~1 千克盐。盖上竹笆，按重量的 35% 压石块，腌制 60 天制成姜坯。管理中须测定池内盐水浓度，应在波美比重计 22 度以上，盐水要淹过姜面 15 厘米。

3. 水洗

把姜坯捞出，切成长宽各 0.2 厘米、厚 0.2 厘米的姜片，用清水洗一次后放入清水池中浸泡 17 小时，中途换清水一次，再用清水洗后捞出放入笋筐内，上面加重量为 50% 的石块压水 1 小时，然后把姜片倒入缸内，用手翻松。

4. 醋渍

倒入 2 度的白醋，使之淹过姜面，浸泡一天后捞起。

5. 着色

沥水 1 小时后，按每 0.5 千克装盆，加 3 千克开水溶解的食用胭脂红（按每 50 千克姜片加 3.5 克标准）和柠檬黄（按每 50 千克姜片加 5 克标准）充分拌匀，在两小时内搅拌 4 次后，全部倒入缸中放置一天，让色素充分渗入姜片内。着色后的姜片与白砂糖按 1：1.1（外销标准）或 1：0.8（内销标准）的比例进行糖渍。

6. 糖渍

外销酥姜糖渍分 3 次进行：第一次分批拌入 35％的糖（即每 100 千克姜片拌白糖 35 千克），要适当翻松拌匀，放置一天后再第二次拌入 35％的糖，并稍加翻松，让其自然溶化渗透，隔一天第三次加糖 20％，拌匀放置 4～5 天后，将糖液全部倒入锅内加热煮沸后再加糖 10％并用文火熬 90 分钟，使糖液浓缩，然后用容器盛起，让其冷却至 6℃时，倒回装姜片的缸内糖渍 4～5 天；糖液再进行第二次浓缩、60 分钟，冷却后再倒回缸内，让姜片充分吸收糖液；4～5 天后，姜身饱满，色泽红艳的糖醋姜片即成。内销酥姜含糖较低，糖渍用糖仅占 40％，也按三次进行，前两次各占 15％，第三次占 7.5％，余下的 2.5％留待煎煮糖液时拌入。操作同外销一样，但熬煎时均要用铁锅或铜锅，不用铝锅。

五、糖渍冰姜片的加工

（一）加工工艺流程
鲜姜→切片→煮沸→漂洗→糖渍→摊晒→成品

（二）操作要点

1. 切片

选择姜体肥大，幼嫩的鲜姜 100 千克，洗净，横向斜切成 5 毫米的薄片。

2. 糖渍

加入清水 80 千克，煮沸后，捞起漂洗干净，沥干水分，配以白砂糖 60 千克，先将白糖和清水 22 千克入锅煮沸后，将沥干的姜片倒入，搅动 1.5 小时至糖液浓稠，下滴成珠时离火起锅，把 8 千克白糖倒入拌匀。

3. 晾晒

筛去多余糖粉，摊晒 1 天，干燥后即成洁白如冰、辛而不辣的冰姜片。

六、脱水姜片的加工

（一）加工工艺流程
选料→清理→浸洗→切片→脱水→挑选→包装

（二）操作要点

1. 选料

供脱水加工的生姜原料要求肥壮、块大、无嫩芽的健康姜块。原料存放应注意通风透气，特别要做好防冻、防热工作。

2. 清理

按主要姜垛分开，除去其中的泥块，削去须根、表皮以及变质部分。去皮时要注意不要刮进肉层，否则脱水后会使姜块纤维外露成须根状，影响质量。

3. 浸洗

将去皮后的姜块倒入洗姜机内洗净浮泥，再用刀除净表皮和变质部分，最后再用流动清水冲洗 3 次。

4. 切片

切片厚度一般为 4～5 毫米。要求顺丝切片，厚薄基本均匀。

5. 脱水

切好的姜片立即均匀地摊入筛网，迅速入烘房。烘房温度应掌握在 65～70℃，出烘水分应掌握在 6％左右。对于未烘干的潮片，必须立即拣出，重新复烘。烘干的产品应立即装入铁桶内密封。

6. 挑选

烘干后的成品应及时进行挑选，剔除变质、变色和灰褐色的姜片及碎屑，杂质必须严格除尽。

7. 包装

产品的质地要细嫩，断面整齐，不显露纤维，味香辣，块饱满，表面光滑，霜粉厚而均匀。将合格产品装入塑料袋内，扎口密封，然后装进纸箱。

第四节 姜茶的加工

一、普通姜茶的加工

（一）加工工艺流程

生姜→清洗→切片→打浆→浸提→过滤→加酶→澄清→灭酶→离心→分离→清液→调配→装瓶→杀菌→冷却→成品

（二）操作要点

1. 姜汁制备

称取 25 克生姜，洗净切片，加入 75 克水和 0.15 克的柠檬酸打浆，然后将浆液置于 85℃恒温水浴中浸提 15 分钟后，过滤得到姜汁。

2. 姜汁的澄清

在姜汁中加入一定量的淀粉酶，置于 55～60℃的水浴中，水解 55 分钟。水解完成后，将温度迅速升至 90℃灭酶 10 分钟，再降低温度至 40℃左右，离心分离，离心速度为 3 000 转/分钟，离心时间为 8 分钟。取上层清液，即得澄清的姜汁。

3. 茶汤的制备

取适量的速溶茶粉，用少量的水充分溶解后即得。

4. 调配

将适量的白砂糖、柠檬酸、食盐预先充分溶解，过滤后加入制备好的姜汁中，然后再加入制备好的茶汤，搅拌均匀并加水补足。

二、薏米姜茶的加工

（一）原料及其功用

1. 薏米

薏米为禾本科植物薏苡的种仁，性味甘淡，有补脾和胃、清肺除热、利湿止泄功效。古书《别录》谓薏米能"除筋骨中邪气不仁，利肠胃，消水肿，令人能食"。据现代药理研究，薏米对消化道系统有一定的抗癌作用，且含有优质蛋白、多种氨基酸、维生素及矿物元素，故人们把它作为健康与美容食品。

2. 薏米姜茶的功用

以上述两种原料加工制成的薏米姜茶，富含人体必需的营养成分，入口甜辣，不过分刺激咽喉，有预防风湿感冒、健脾和胃的功效，是一种保健饮品。

（二）加工工艺流程

1. 薏米精的制备

薏米→浸渍→挤压膨化→干燥粉碎→加水浸提→离心去渣→薏米精

2. 姜汁的制备

鲜生姜→清洗去皮→粉碎→挤压榨汁→沉淀过滤→姜汁

3. 薏米姜茶的制备

甜味剂、品质改良剂、稳定剂、薏米精、姜汁、优质水等所有原材料→调和→均质→加热灌装→真空封罐→杀菌→冷却→入库

（三）操作要点

1. 薏米精制备工艺要求

（1）原料准备。薏米要求脱壳除杂干净，颗粒白净饱满。

（2）挤压膨化。将干净薏米用 5～10 倍水浸渍使之含水率达 20％～25％，然后用普通挤压膨化机膨化，温度 150～200℃，压力 5～8 千克/厘米²，膨化的目的一是使原料淀粉 a 化，以利于提取其中营养成分；二是使蛋白质和脂肪等大分子得到适度降解，以利于营养成分的吸收。

（3）干燥粉碎。化后的薏米经干燥后用粉碎机粉碎成 100 目左右的细粉。

（4）加热浸提。将一份薏米粉与 20～30 份水混合，搅拌加热至 90℃左右，维持 30 分钟，然后冷却。

（5）离心过滤。用离心机除去料渣，得到薏米精。

2. 姜汁的制备工艺要求

（1）原料准备。将鲜生姜放入池水中浸泡，洗去泥沙后，用人工去皮。

粉碎挤压：将生姜块放入粉碎机内粉碎，然后将粉碎姜送入挤压机挤压出汁，去除姜渣。

（2）沉淀过滤。将姜汁静置 2～4 小时，过滤除去沉淀物，得到均匀

姜汁。

3. 薏米姜茶的制备工艺要求

（1）调和。砂糖及品质改良剂（含聚磷酸钠、六偏磷酸钠等）用90℃以上热水溶解，然后用50目滤布过滤备用。稳定剂采用琼脂-CMC复合剂，该复合剂兼具琼脂黏度高、悬浮性能强及CMC稳定性好的优点，对薏米姜茶有良好的稳定作用，添加量为0.1%～0.2%，使用前用85～90℃热水搅拌溶解，在搅拌状态下，将稳定剂、薏米精、姜汁及其他辅料依次倒入糖水中混匀，用水定容，测定糖度及pH，并作适当调整。

（2）均质。为使饮料组织状态稳定，在15～20兆帕压力下均质一次。

（3）脱气。为了排除均质时带入的空气，保证后续杀菌效果及成品质量，将料液用板框换热器加热到85～90℃，泵入贮罐恒温15分钟。

（4）灌装封口。料液趁热灌装，容器选用250克三片罐，空罐预先经过热蒸汽杀菌清洗，然后真空封口，要求真空度在400～500千帕。

（5）杀菌冷却。封口的罐头装篮后马上于杀菌锅内杀菌，条件为：15～20分钟，121℃。杀菌完毕迅速冷却到38.5℃左右。

（6）打码送检。冷却后的罐头用红外线烘干机烘干或自然晾干，然后打印生产日期及代号，送入半成品仓库在35℃存贮一星期后，检验合格可出厂销售。

（四）产品质量标准

（1）色泽：浅黄或淡黄色。

（2）滋味及气味：入口甜辣，润喉，具天然姜香味。

（3）组织及形态：组织均匀细腻，质地均一，无沉淀。

（4）可溶性固形物＞9Brix（折光计）。

（5）pH：5.5～6.0。

第五节　姜汁的加工

一、澄清姜汁的加工

食用方便的姜汁保健饮品正被愈来愈多的人接受和喜爱。目前以生姜为原料加工成的饮品大多是感官欠佳的混浊饮料，外观清澈透亮，色泽晶莹，清新爽口的澄清型姜汁饮品凤毛麟角。为充分开发利用这一丰富资源，以鲜姜为原料，用淀粉酶解做成澄清型姜汁，为崇尚自然、追求健康、关爱自我的人们提供了一种新的健康饮品选择。

（一）加工工艺流程

柠檬酸护色

↓

鲜姜→挑选→清洗→沥水→切块→打浆→糊化→酶解→榨汁→混浊姜汁→调配→澄清处理→过滤→澄清姜汁→杀菌→成品

（二）操作要点

1. 姜原浆及姜原汁的制备

称取一定量的经挑选、清洗、沥水等预处理好的鲜姜，切成 0.5～1.0 厘米见方，厚度 0.2～0.3 厘米的碎块，按鲜姜和水 1∶3 的比例加入纯净水，再加入 1.5 克/升的柠檬酸（以料液计），置于小型打浆机上打浆，所得姜浆即为姜原浆。将所得姜原浆置于不锈钢锅中，在 90～100℃下糊化 30 分钟，降温后用 100 目的尼龙滤袋压榨取汁，所得姜汁即为姜原汁。

2. 姜汁护色的条件

姜汁制取时柠檬酸护色的最适用量为 1.5 克/升；生姜原料最佳处理方式：生姜切片（或破碎）后，要经充分的打浆处理，此时出汁率最高，色泽也鲜亮。

3. 姜汁糊化处理的条件

新榨取的姜汁含有大量的淀粉且主要以淀粉粒的形式存在，淀粉的存在是澄清姜汁变浑浊及出现沉淀的主要原因之一，充分清除淀粉是生产澄清姜汁并保证姜汁稳定性的前提。要保证淀粉能被 α-淀粉酶彻底酶解，就必须要对姜原浆进行充分的糊化工艺处理。姜原浆的最佳糊化条件是：温度为 90～95℃，时间为 30 分钟。

4. α-淀粉酶解的条件

制作澄清姜汁时，α-淀粉酶酶解淀粉的最佳工艺条件是：先调整经糊化后的姜原汁的 pH 为 4，再按 0.2 毫升/升的用量，在 60℃的温度下，保温处理 30 分钟。

二、浑浊姜汁的加工

（一）加工工艺流程

原料→清洗→去皮→切碎→蒸煮→磨碎→过滤→脱气→调配→均质→封口→杀菌→冷却

（二）操作要点

1. 原料清洗

选用无霉烂、无病虫害的新鲜姜，用高压净水喷淋冲洗表面砂泥。

2. 去皮

用竹签将皮刮干净，并将不合格的部分切除，浸泡于净水中备用。

3. 切碎、加热

生姜捞出，沥干水分，用绞肉机绞碎或人工切碎。将姜粒用 1：5 的水煮制，温度 100℃，时间 30～40 分钟，冷却至常温。

4. 磨碎、过滤

姜粒用胶体磨分组各磨 1 次，用 100 目网筛进行过滤，滤渣用少许净水洗涤，合并滤液。

5. 调配

白糖热溶解后，经过 100 目过滤后加入调配罐中，CMC（按 1：40 用水浸泡 48 小时）按成品 2％投入，成品含糖应为 10％，含酸 0.12％～0.15％，成品可溶性固形物大于 13％。

6. 均质、脱气

用 200 千帕的压力将姜汁在均质机中均质，以改善其稳定性和口感。

由于经均质后的姜汁混入大量空气，必须用脱气机进行脱气，以防止姜黄素氧化变褐。

7. 加热

经片式热交换器在 30～40 秒内加热至 90℃，立即装罐。

8. 灌装

空罐洗净后，用 95℃热水浸泡 5 分钟，沥干备用，灌入调配好的姜汁，用封罐机密封。封罐前要求罐内姜汁的中心温度必须保持在 80℃以上。

9. 杀菌、冷却

封罐后送入杀菌釜中进行杀菌，其杀菌模式为：10～15 分钟/90℃，杀菌后 5 分钟内冷却至 38℃以下，擦干罐身即成。

（三）产品质量标准

姜汁浅黄色至浅棕色，汁液均匀一致，无杂质，不分层，静置后允许有少量沉淀；具有姜的特殊气味，无不良异杂味。净重 250 克，每罐允许误差±2%，可溶性固性物为 13%～15%，含酸量 0.12%～0.15%，致病菌不得检出。

三、姜汁椰子水饮料的加工

（一）工艺流程

椰子→去椰衣→椰壳→剖开→收集椰子水→过滤→称重→

测糖度→煮至 70℃

将水煮沸→添加稳定剂→稍冷却 ⎫ 混匀→调糖度、pH→

生姜→清洗→去皮→切碎→打浆→过滤→姜汁

加保鲜剂→灌装→杀菌→感官评价→指标测定

（二）操作要点

1. 过滤

将椰子水过 300 目滤布。

2. 稳定剂的添加

所用的稳定剂包括复合胶和乳酸钙。添加复合胶时，需要少量蔗糖，将二者混合均匀，用 90℃以上的热水溶解；加蔗糖的作用是让复合胶更好地溶解在热水中，热水的温度一般超过 90℃，以使复合胶很好地溶解；乳酸钙也需用热水溶解，若直接添加到溶液中，则可能导致局部浓度过高而溶解不完全。此外乳酸钙一定要在复合胶和蔗糖之后添加到椰子水溶液中，若先添加乳酸钙，再加复合胶，那么乳酸钙会和复合胶形成螯合物而沉淀，起不到稳定剂的作用。二者的添加量均以溶液总重计。

3. 保鲜剂

试验使用焦亚硫酸钠作为保鲜剂，其添加量以溶液总重计。

4. 生姜汁的制备

生姜切碎后，与水以 2：1 的重量比打浆，然后用 300 目滤布过滤。

5. 灌装

在 85～90℃的条件下趁热灌装，趁热灌装可使瓶内形成一定的真空，防止涨罐。

第六节　姜酒的加工

一、糟姜的加工

（一）加工工艺流程

鲜姜→选料→加入酒糟→加入醋姜胚→晾晒→酒糟腌姜胚→黄泥封严→封存→成品

（二）操作要点

1. 糟姜制作

采用腊月制造的酒糟，加入 10％的食盐，姜的选料和粗腌作胚同醋姜，将做好的姜胚晾晒至表皮干燥备用。

2. 酒糟腌姜胚

酒糟放入缸中至容积一半，然后加入姜胚，液面距缸口保持 20 厘米为宜。然后用盖盖好，再用黄泥封严，缸盖上加遮阴帽，封存 2 个月，即为成品。

二、姜酒的加工

姜酒开脾健胃去风寒，冬天经常少量饮用有益身体健康。

（一）加工工艺流程

选料→洗涤→切片→浸泡→澄清→过滤→调配

（二）操作要点

1. 选料

制作姜酒可选用前文提到的加工下脚料，可用老姜，或成熟采收的新姜，食用酒精、木炭、优质白砂糖。

2. 洗涤

将所选用的姜原料用清水清洗去掉泥沙等杂质，把木炭用清水浸泡洗涤。

3. 切片

把洁净的黄姜放在木板上用不锈钢刀切成片，以利浸泡。

4. 浸泡

将所选用食用酒精经木炭脱臭处理，把姜片放入脱臭后的酒精中，浸泡两周以上，每隔 2 天搅动一次。

5. 澄清

把姜片捞出，将浸泡液静置约 1 周，使其中悬浮物沉淀，

6. 过滤

利用绢布或有关机械将静置液过滤。

7. 调配

把蔗糖调制成溶液并经过滤处理，浓度为 20％以上，将食用水软化脱臭处理，测量酒精浸泡液酒精浓度，然后用糖水、食用酒精、浸泡液调制得到适宜酒度和糖度的姜酒，可做成 12 度、16 度、24 度等度数不等的姜酒。度数不易过高，因为度数过高辣味加重。加糖是为了降低成品辣味，改善口感。调配后再经沉淀过滤处理，得到澄清透明橙黄色的液体，即为成品。根据习惯也可用色素调成黑褐色。

第七节　姜粉的加工

一、加工工艺流程

原料选择→去皮→清洗→破碎→干燥→粉碎→混配→包装→成品→入库

二、操作要点

1. 原料选择

选取新鲜、无腐烂、无虫蛀、无发芽的姜块。以纤维尚未硬化变老，但又具备了生姜辛辣味的较嫩姜为佳。

2. 去皮

用手工刮制或其他方法去除姜的外皮，并修整去柄蒂和残皮。

3. 清洗

用清水将姜块洗干净并沥干水分。

4. 破碎

沥干的姜块放入破碎机进行破碎，粒度 5 毫米左右，制成姜糜。

5. 干燥

将姜糜摊在搪瓷盘中，厚度 1.5～2 厘米，送入低温真空干燥箱干燥 2～3 小时，真空度 0.07 兆帕，严格控制温度，以免营养成分损失和褐变。

6. 粉碎

取出干燥的姜糜，冷却至室温，放入粉碎机粉碎，过 40 目筛，得姜粉。

7. 调配

选用适当的食用稳定剂，这是决定糖姜粉冲调性能的关键。按姜粉重量的 20％加红糖粉及适量稳定剂，混合均匀，制成红糖姜粉。同样，加 20％白糖及适量稳定剂制成白糖姜粉。

8. 包装

用粉末自动包装机包装糖姜粉，每袋 10 克，每 10（或 25）小袋装成一大袋，外用纸盒包装，得成品，干燥保存。

三、产品质量标准

1. 感官指标

（1）色泽：白糖姜粉呈淡黄色，红糖姜粉呈淡黄稍带红色。

（2）滋味及气味：具有姜特有的辛辣味，甜辣适口，无异味。

（3）组织状态：呈均匀一致的细粉状，无硬块。

（4）杂质：不允许存在。

2. 理化指标

（1）净重：10 克/袋，不允许有负误差。

（2）总糖：20％～25％。

（3）水分：3.0％～4.0％。

（4）重金属含量：每千克制品中，铅不超过 1 毫克，砷不超过 0.05 毫克。

3. 微生物指标

（1）大肠菌群：为≤30 个/100 克。

（2）细菌总数：为≤700 个/克。

（3）致病菌：不得检出。

（4）保质期：常温放置 12 个月。

第八节　腌姜的加工

一、葱酥糖姜的加工

葱酥糖姜是以鲜嫩姜片配合洋葱的香味，经糖渍而成。产品质地酥脆、甘香略辣。

（一）加工工艺流程

嫩姜→清洗→去皮→切片→石灰水浸泡→清水漂洗→沥干

洋葱→清洗→切成碎块→打浆

（二）操作要点

1. 原料选择与处理

嫩姜清洗去皮后，斜切成 0.7～1 厘米厚的斜片，放入饱和石灰水中浸泡 24 小时捞出，在清水中漂洗，沥干水备用。剥去洋葱外表干皮，切蒂后清洗。然后，切成碎块，用打浆机打成细浆备用。

2. 配料

姜片 25 千克，洋葱细浆 7.5 千克，白砂糖 20 千克，糖精适量（不超过 0.15 千克），清水 12 千克。

3. 糖渍

将水、白砂糖、糖精入锅，加热煮沸，加入姜片，微火熬至 103℃左右。加入洋葱细浆，继续煮沸浓缩，搅拌至结成浓稠团块状时，停止加热，缓慢冷却。将上述浓稠状物散摊于烘盘中，放入烘干室内，在 60～65℃的温度下，烘至干燥散开为止，含水量不超过 10％。成品包装可用聚乙烯小袋分装，每袋可装 30 克、50 克或 100 克。然后，真空密封即可。

二、酱腌芽姜的加工

(一)加工工艺流程

鲜姜→清洗→去皮→盐水腌→咸姜→切分→清水去咸→切酱→复酱→成品

(二)操作要点

1. 腌制

鲜姜经过洗净去皮后放入缸内，每 100 千克姜用波美 20°盐水 36 千克，浸泡盐渍 3～4 天后取出，换用波美 20°～21°盐水再浸泡 5～6 天，捞起后放入另一缸内，层层压紧，以篾片等别紧缸面，灌入波美 21°～22°的澄清盐卤淹过姜。缸面加封缸盐（比例为每 100 千克咸坯加 2 千克）后，置背阴干燥处贮存备用。咸姜一般保存至第二年清明前后。如继续贮存，须将咸姜取出淋卤后换用波美 22°的澄清盐贮存，以保持咸姜的姜黄色素，咸坯出率为原姜的 65%～70%。

2. 选切加工

咸姜应精细选料，切制时要结合整块咸姜的不同老嫩程度，选切幼嫩的芽朵及指端肥嫩部分，切成每 100 克 16～18 片，每片宽 2.5 厘米、长 3 厘米左右。然后每块直切 6～8 条芽缝，再横切成两块如佛手样的形状。

3. 去咸

将切成的佛手姜放入缸中，按每 100 千克加水 105～110 千克，浸泡 2.5～3 小时。每隔半小时翻拌姜坯，使盐分浸泡均匀，去咸后装入篾兜去卤 4～5 小时，使洗卤排除。

4. 切酱

去咸后的姜，用二酱进行初酱后，去除部分辣味，酱制 3～4 天后取出淋卤 3～4 小时，准备换酱。

5. 复酱

将初酱坯放入缸中，按每 100 千克咸姜加稀甜酱 115～120 千克进行复酱，酱制时每日早晨须将芽袋上下翻压一次，约酱 10～15 天。

（三）产品质量标准

成熟期：春秋 14 天，夏季 10～12 天，冬季 15～20 天。

出品率：每 100 千克咸坯产 85 千克酱芽姜。

感官质量：色泽黄嫩、姜体澄明、质地细嫩、滋味鲜甜、形如佛手。

理化指标：氨基酸 0.20%～0.26%，还原糖 12%～13%，盐分 10%～11%，酸度 0.5%～0.7%。

三、酱佛手姜的加工

咸姜经选切嫩芽姜后，留下质地稍老的中部，可选切成佛手形姜片。由于姜质稍老，切姜片时要薄而匀，才能增进甜酱液的渗透，形成鲜甜滋味。

（一）加工工艺流程

咸姜→切姜片→酱制→产品

（二）操作要点

1. 切制

先切成长 3.5～4 厘米、宽 3～3.5 厘米的小姜块，然后沿较嫩部位每块切 10～12 条芽缝，深度约占一半。再横切成姜片。切制时用左手按压姜块，右手持刀层层向内横拉，切成薄片状的咸姜片。

2. 酱制

去咸工艺与嫩芽姜同。

（三）产品质量标准

成熟期：由于质地稍老，成熟期较嫩芽姜多 4～5 天。

出品率：每 100 千克咸姜可制 90～95 千克佛手姜。

感官质量：色泽橙黄，具浓郁的酱香气，味鲜甜，质地柔软，微有渣质，呈薄片形。

理化指标：含氨基酸 0.20%～0.22%，还原糖 11%～12%，盐分 9.5%～10%、酸度 0.6%～0.7%。

第九节 姜罐头的加工

闭鞘姜为姜科多年生宿根直立草本，生长于海拔 250～1 500 米的山沟及林下。主要分布在我国台湾、海南、广东、广西、云南等省区，东南亚及南亚热带地区也有生长。闭鞘姜具有清凉开胃、清热解毒、清肝明目、降血压、治疗便秘、腹胀、消食、利尿及消肿散淤等多种功效。闭鞘姜可食部分中粗蛋白含量为 4.43%，氨基酸种类齐全，含有多种维生素及胡萝卜素等，矿质元素含量丰富，还含有适量的纤维素、可溶性糖、酸及果胶等营养保健成分；重金属含量，化肥农药残留量远未超过国家标准，是天然无公害的食品。

在闭鞘姜罐头制作过程中，闭鞘姜的鲜绿颜色常会变为黄绿色甚至褐色，影响产品质量。我们知道，绿色植物的绿色来源是叶绿素，它在光照、受热或遇酸时绿色褪去，所含的叶绿素分解酶也会使其叶绿素分解生成黄色降解物。在两种情况下可使叶绿素不褪色，一种是在弱碱性溶液中发生的皂化反应，叶绿素生成叶绿酸盐、叶绿醇和甲醇，颜色仍然是鲜绿色的，但保持时间较短；另一种是用铜、锌取代叶绿素中的镁，所生成的铜或锌衍生物可以长期保持绿色，但铜和锌的渗透和取代反应较慢，需要用加热或抽真空来促进反应的进行。

近年来，随着人们生活水平的提高及对蔬菜消费观念的改变，国内外对野生蔬菜的需求急剧增加。因此，把闭鞘姜加工成罐头产品，对增强产区蔬菜的市场竞争力，提高山区人民的生活水平具有重要意义。

一、加工工艺流程

新鲜闭鞘姜→剥叶鞘→清洗、切段→2%盐水浸泡→护绿→装罐→注汤→排气→密封→杀菌→冷却→检验→成品

二、操作要点

1. 剥叶鞘

闭鞘姜茎幼嫩，剥叶鞘时需小心，避免折断或划伤，降低其商品价值。

2. 清洗、切段

切段时应用不锈钢刀（如用铁器，则引起褐变），所切长度略短于罐头瓶口。

3. 盐水浸泡

将切段后的闭鞘姜放入 2‰的食盐溶液中浸泡，以防褐变。

4. 护绿

选用不同种类、不同浓度的护绿剂，在各种温度、时间及真空度下进行比较。此环节最为关键。

5. 装罐

尽快将以上处理好的闭鞘姜按不同级别标准装罐，尽量减少停留时间，以免空气及其他环节引起污染。

6. 注汤

及时往瓶中注入 80～85℃温开水，加入蔗糖、食盐、$CaCl_2$ 等食品添加剂，并加入 0.2‰的柠檬酸（使 pH 约为 5.2），以增加杀菌效果和调节风味。

7. 排气、密封

用热力排气使罐头中心温度达到 70～75℃。封罐后要逐个检查，不符合要求的要另行处理。

8. 杀菌、冷却

封罐后应及时杀菌，从封罐到杀菌时间间隔不得超过 20 分钟，分别于沸水 96℃、105℃、118℃三种温度及不同时间下进行杀菌，分段冷却至 37℃左右。

9. 检验、成品

冷却后送入 37℃保温箱检验 5 天，保温期间定期进行观察检查，并抽样做细菌和理化指标检验，合格后即为成品。

第十节　姜膏的加工

一、加工工艺流程

生姜（添加剂处理）→姜膏→包装→杀菌→保存

二、操作要点

1. 生姜处理

将生姜用竹片去皮、清洗、沥干，在 0.1‰柠檬酸溶液中加热两分钟（90℃），使氧化酶失活，避免姜在后续过程中褐变，将姜逆纤维方向切片（厚 0.2 厘米）后置于打浆机内加入添加剂，混合打碎，包装杀菌后待用。

2. 添加剂处理

添加剂分为两部分：第一部分为增稠剂，主要起到品质改善以利于产品最终成为具有一定黏性和塑性的非牛顿流体状态；另一部分为护色防腐菌，主要保证产品具有一定的保存期限。

3. 杀菌

杀菌采用改良的巴氏杀菌，温度条件为 80℃，时间以产品达到商业无菌为准。

第十一节　芽姜的加工

芽姜是美味蔬菜，经过加工软化可以出口创汇。

一、加工工艺流程

育床设置→姜种处理→姜种上床→姜床管理→收获加工

二、操作要点

1. 育床设置

在有水泥地板，便于通风和遮光的室内设置育床。用 400 厘米×120 厘米的水泥板做育床底板，其上可以加盖水泥板以形成多层结构；长边砌成 15 厘米高的砖墙，既可挡沙作床又便于操作。

2. 姜种处理

在多芽的小姜品种中，选取色泽鲜亮、芽明显的姜块作姜种块。把整块 1 千克左右的姜种分为 3～5 块，或把其掰为每个芽头为 1 块，把姜种块堆积起来，适量浇水，上盖细沙进行保温保湿，以促进其发芽。

3. 姜种上床

在水泥板上铺 5 厘米厚蓄水和保温性能好的细沙做育床基质。排放姜种要做到芽头朝上不倾斜，姜块紧靠不松动，姜芽齐平。一般每平方米可排放姜种 20 千克左右。排好种块后，上面覆盖 5 厘米厚的细沙。

4. 姜床管理

姜种上床后，随即浇透水 1 次；在多数姜芽出沙时，应浇第 2 次透水。浇水后要通过培沙，以保持种姜有 5 厘米厚的盖沙。室内湿度应保持在 80%～90%；温度应随芽姜的生长情况进行调控，姜芽出沙前后为 25～28℃，出芽后至 30 厘米高为 28～30℃。生产期间要用黑布遮住光照，以喷水温度的变化和通风时间的长短来调控室内温度和湿度。

5. 收获加工

姜种上床后 40～50 天，大部分苗高 30 厘米时即可采收。取出姜块，将芽姜掰下，摘去须根，切除 30 厘米以上的芽苗，洗净芽姜。用直径 1 厘米的筒形环刀套住姜芽，向姜块旋刀，切下姜芽苗，制成直径 1 厘米，连同芽苗 15 厘米的芽姜半成品，最后经醋酸盐水腌制为成品。

第十二节　甜酸洋姜的加工

一、加工工艺流程

原材料选择→修剪清洗→盐腌→脱盐→修剪改形→配糖醋液→浸腌→装罐→排气→杀菌→装箱包装→成品

二、技术要点

1. 原料选择

制作甜酸洋姜应挑选肥大饱满、鲜嫩、大小整齐、无病烂的洋姜。

2. 修剪、清洗

摊开原料，以免发热，尽快进行分级、修剪挑选．剪去块茎根，刀口要平。修剪后放入清水中洗去泥沙，搓掉黑皮、老皮，捞出沥水。

3. 腌渍

一是干腌法。经修剪、清洗干净的洋姜，装于竹筐内晾干水气，入池腌制，用盐量为原料的 17%，一层洋姜，一层盐，上多下少，一般上半部分占 60％，下半部分占 40％。在腌制过程中，池对角装上竹编筒篓。在腌制期中，每天抽出竹编筒篓内池底盐水淋到洋姜面上，直至盐粒全部溶化。盐水应淹没洋姜，如盐水不足，可配制 22 波美度的盐水补充，要求盐水淹没洋姜 33 厘米以上，大约腌制半个月，见盐水起泡时，腌制成熟。

二是湿腌法。将洗净沥干的洋姜倒入 8％的食盐水中，要求盐水淹没洋姜，次日起每日测定盐水浓度。盐浓度不足 8％时，则加食盐补充，抽动盐水使盐溶解，直至盐液浓度保持 8％不再下降时，当日起每天增加 1％，直至盐液浓度达到 18％，并保持不再下降时，洋姜腌制成熟。

4. 脱盐

将洋姜盐坯倒入池或缸中，注入清水浸泡，每天换水。当含盐量降到 1％～1.5％时，捞出沥干明水或略加压力排出多余的水分。

5. 修剪改形

对洋姜进行第二次修复，可以切成片、丝，也可不改形，做成整形甜酸洋姜。

6. 配糖醋液

用水 60 千克，加入冰醋酸 2 千克，配成醋酸溶液。将丁香 30 克、豆葱粉 30 克、生姜 160 克、白胡椒 40 克，混合破碎后装入纱布口袋，扎好口，扎口要高一些，以便使香料吸水膨胀，香料袋放入醋酸溶液中，在 60～80℃温度下浸泡 1 小时，取出香料袋，趁热加入 18 千克砂糖，溶解后过滤，所得的糖醋液可用于 100 千克脱盐洋姜浸渍。

7. 浸泡

先将大泡菜坛用开水冲洗干净，将分好级的洋姜分别浸泡于糖醋液中，装至坛口，用水封口，既可排气，又能防止香气散发，浸泡 10～15 天即为成品。

8. 装罐

采用回旋瓶包装，要求洋姜装量占净重 65％～70％，然后将过滤的糖醋液加热至 80℃，趁热倒入装有洋姜的回旋瓶中，在灌糖醋液时注意留有顶隙 6～8 毫米。

9. 排气

用瓶盖松套在回旋瓶上，放入热水中排气，当罐心温度达到 85℃时，迅速旋紧瓶盖封口。

10. 杀菌

采用巴氏杀菌方法，杀菌温度达 85～90℃，杀菌时间为 15～30 分钟，温差不得超过 30℃，否则玻璃瓶会破碎。

11. 贴签

旋紧瓶盖，贴上标签，即为成品，贮藏时间为一年。

三、产品质量标准

1. 感官标准

一是色泽。洋姜呈黄褐色或黑色，色泽大致均匀，汤汁较清。二是组织状态。呈颗粒状，大小形状均匀，组织紧密，肉质脆嫩，无脱落外皮。三是滋味与气味。甜酸适宜，无异味。

2. 微生物指标

符合罐头食品商业无菌要求。

3. 理化指标

可溶性固形物含量 24%～29%（以折光计）；酸度为 0.8%～1.8%；氯化钠含量 1.5%～3.0%；重金属含量应符合 GB 11671—89 的要求。

第十三节　姜汁鱼肉水豆腐的加工

一、加工工艺流程

选豆→去杂→浸泡→磨浆→滤浆→煮浆→料液混合→凝固→成型

二、操作要点

1. 选豆

选择籽粒饱满、无虫蚀、无霉变的大豆，加冷水浸泡 11 小时，至豆粒增重约一倍。

2. 磨浆

将浸泡好的大豆清洗 1～2 次后，采用家用豆浆机磨浆。

3. 煮浆

粗浆经粗滤后细滤，将所得的滤液进行煮浆，煮浆时先文火后急火，煮浆过程中要不断搅拌，第二次浮泡沫时，加入消泡剂（油脚）。

4. 姜汁的制备

选择香味浓郁、容易取汁的生姜，剔除霉烂、病虫部位，经清洗、榨汁后加热得到备用的姜汁，姜汁浓度为 33%。

5. 鱼浆的制备

将鱼经去杂、剔骨，切块清洗，放入 10% 氯化钙和 1% 盐酸混合溶液中浸泡 10 分钟左右，取出、清洗后粉碎，再加一定量的水倒进胶体磨内，进行鱼糜的制作，得到备用的鱼浆，鱼浆浓度为 50%。

6. 料液混合

将预先制备好的鱼浆和生姜汁加入到煮浆后的豆浆中混匀。

7. 凝固

凝固由点脑和蹲脑两道工序完成。

8. 点脑、蹲脑

混合料液冷却到 60～85℃，加入氯化钙，并剧烈搅拌，以减少凝固剂使用量，加快凝固速度，当出现雪花状现象时立即停止。蹲脑：将点脑后的豆浆静置 20～25 分钟，此过程宜静不宜动，否则会破坏已经形成的凝胶网络结构。

9. 成型

将蹲脑后的豆脑均匀地倒入成型箱内，加压 15～20 分钟成型即得成品。

第十四节　姜花酸奶的加工

姜花是单子叶植物纲姜亚纲，为姜科姜花属多年生草本植物。原产印度、马来西亚一带，现我国广东、台湾、云南等地有分布。姜花具有浓郁的香味，并含有各种营养物质。姜花鲜花中蛋白质、维生素以及钙、铁、锌含量较高；亮氨酸、异亮氨酸、缬氨酸等人体必需氨基酸含量丰富，超过普通天然植物，与其他花卉相比也居于前列，能强化人体肝功能，减轻肌肉疲劳等；谷氨酸能改善睡眠，具有增强皮肤弹性和光泽等美容效果，并能提高人体免疫力。

一、加工工艺流程

姜花→筛选→清洗→研磨→浸提→过滤

全脂乳粉白砂糖→热水溶解→混合→均质→杀菌→冷却→接种→装瓶（已杀菌）→发酵→冷藏→成品

发酵剂

二、操作要点

1. 姜花浸提液的制备

挑选新鲜的白姜花，剪下花瓣，洗净，研磨（姜花与水比例为 1∶10），加入适量温水浸提 5 小时，过滤后得姜花浸提液。

2. 复原乳的制备

将奶粉均匀地加入 40℃温水中，充分搅拌，保持 30 分钟，可使蛋白质充分复水，使复原乳更接近鲜牛奶。

3. 均质

把复原好的牛奶放在均质机中均质，在 20 兆帕压力下均质，使微粒半径达到 0.5～1.0 微米，以防产品分层。

4. 杀菌

鲜奶预热温度为 60～70℃，姜花汁加热到 60℃，并加到预热的牛奶中，再加入白砂糖，搅拌 30 分钟，使牛奶与辅料等充分混合和溶解，然后使混合物在 90～95℃杀菌 5 分钟，杀菌后冷却到 40℃。

5. 接种、发酵、后熟

在无菌条件下进行，用已经灭菌的移液管准确吸取菌种，移到 42℃的混合料液中，装瓶后放入 42℃的恒温箱中恒温发酵 4.5 小时。发酵完成后，应迅速降至 10～15℃，然后移入 0～4℃的冰箱中，抑制乳酸菌的生长，以免继续发酵而造成酸度升高，12 小时后得产品。

三、产品的质量标准

1. 感官指标色泽

乳白色或略带黄色，有光泽。组织状态：无气泡、无龟裂、无乳清析出、均匀、无分层。气味：具有酸奶固有气味，香气浓郁，并伴有姜花香气。

2. 理化指标

脂肪≥3.5％，总酸度 70～80°T，总固形物含量≥21％。

3. 微生物指标

乳酸菌数≥$3.7×10^7$ CFU/毫升；细菌总数≤100；大肠杆菌总数≤30；致病菌：不得检出。

第六章

姜的贮藏技术

第一节　姜的品种与贮藏特性

一、贮藏特性

生姜性喜温暖潮湿，既怕冷又怕热，既怕干又怕湿。生姜在10℃下易受冷害，表现为水浸状，易于腐烂；贮藏温度过高时易于发芽，腐烂加剧。生姜含水量高，但其表皮保水性差，在干燥的环境中易失水干枯，造成耐贮性和抗病性下降；湿度过高又会促进发芽和加速腐烂。生姜一般贮藏适温为13～15℃，相对湿度75％～85％。贮藏过程中要特别注意温度和温度的控制。

二、品种选择

通常立夏前下种，夏至就收获的嫩姜耐贮性较差，不适于长期贮藏。贮藏用生姜应在霜降至冬至期间收获。一般标准是根茎充分成熟、饱满、坚挺，且表面呈浅黄色至黄褐色，叶片半干，即为适宜采收时。采收宜在阴天或晴天早晨进行，不可在烈日下采挖，以免日晒过度，也不可在雨天或雨后采收。采收时尽量减少机械伤，要求姜块不带泥，可稍在风中晾干。生姜收获期间避免在田间受霜冻。收获初期的生姜脆嫩、易脱皮，应在20～25℃的温度下贮放30～40天，使姜块逐渐老化不再脱皮。

（一）黄姜

由于鲜黄姜质脆、易折断，堆积过厚易"上烧"，常导致黄姜播后不能出苗或出苗较差，因此在调运黄姜种时应注意：一是姜种不可堆积过高，一般以不超过 50 厘米为宜，发现姜堆温度过高，应及时扒开。二是短途运输，可用通气良好的编织袋包装，切不可用密封的塑料袋或未清洗的化肥袋包装；长途运输，必须用竹篓包装，以利透气，并防姜种堆码过高，造成"上烧"，或被挤压损伤。三是上下车要小心，尤其是编织袋包装的姜种，更需轻搬轻放，防止姜种摔碎或踩碎。四是运输途中应防雨淋、冻伤，运到后应将姜种及时散开。

黄姜种购回后，最好及时播种。若需短期储藏，应置于通风、干燥、凉爽处，不可暴晒，不可堆码过高、过实，室内要留有通风道，防止潮湿霉烂或"上烧"。若秋季不播，在室内储藏越冬，应一层姜种一层湿润细沙（以手握成团，伸开即散为度）交替铺放，再盖干稻草保温，既要防姜种"上烧"或风干，又要防姜种冬季冻伤。

（二）罗平小黄姜

罗平小黄姜以其较高的姜油酚、姜油酮含量和浓烈的香味而闻名国内外。罗平县 1998 年生姜种植面积 1 400 公顷；2004 年种植面积达 5 367 公顷，占云南省生姜种植面积的 41%；2007 年种植面积达 7 267 公顷，1998 年增长了 5.2 倍。为提高生姜的贮藏效果，罗平县生姜技术推广站建立了隔箱式贮藏法（简称箱藏法），并与微型库藏法进行了比较。旨在为云南、贵州、广西、四川等与罗平县气候相似地区的生姜贮藏保鲜提供借鉴，进一步提高生姜的贮藏经济效益。

（三）台湾大肉姜

台湾大肉姜植株生长势强，根茎节少而稀，姜块肥大，表面光滑、浅黄色，肉质茎浅黄白色，纤维少，质脆，细嫩而辛辣弥香，单株质量 1 千克以上，重者可达 3.8 千克。文成县西坑畲族镇于 2001 年引进台湾大肉姜试种成功，30 千克姜种可收获 300 千克成品姜，不仅产量比老品种本地黄姜高出一倍，且生产周期短，成品姜个大，品质好，价格比本地黄姜高出 30%，经济效益显著。大面积推广种植后，年栽培面积 500 公顷以上，总产量达 11 200 吨，主要出口日本等国。

三、采收

贮藏用的姜应该是充分长成的根茎，一般在霜降至立冬间收获，要避免在地里受霜冻。收获时带土太湿可稍晾晒，一般收获后立即下窖贮藏，不能在田间过夜，不要在晴天收获，以免日晒过度。雨天或雨后收获的姜也不耐贮藏。

用于贮藏的姜应严格挑选，剔除受冻、受伤、小块、干瘪、有病和受雨淋的姜块，选择大小整齐、质量好、无病害的健壮姜块进行贮藏。

四、贮藏

生姜常见的贮藏方式有坑藏和井窖贮藏，两种方式的原理和管理技术基本相同。井窖贮藏适合在土质黏重、冬季气温较低的地区应用。而地下水位较高，不适合挖井窖的地方则多采用挖坑埋藏。

第二节　姜的大棚贮藏

选择向阳、避风、地势高、排水方便、未种过生姜的地块做 2.5 米宽的畦，四周开排水沟，然后搭建大棚。在畦上铺一层 3 厘米厚的细沙，然后把挑选后要贮藏的生姜摆放在畦上，一层姜块一层沙，堆成 0.8～1.0 米高的长方形垛。生姜堆好后，在大棚两端留 25 厘米见方的通风孔。贮藏初期，因姜块呼吸旺盛，棚内温度较高，要将通风孔全部打开，保持通风。贮藏初期的姜脆嫩，易脱皮，要求温度保持在 20℃以上，使姜愈伤老化、疤痕长平，不再脱皮。一般 15 天左右，姜块呼吸减弱，棚内温度逐渐下降，保持在 15℃左右。生姜喜温暖湿润，贮藏的最适温度范围为 15～18℃，10℃以下会受冷害。棚内温度高于 20℃时要加强通风，低于 10℃时应放入火盆或取暖器升温。空气相对湿度低于 90% 时姜块易失水干缩，应适当洒水，使空气相对湿度保持在 95% 左右。贮藏期间应经常进行检查，将发霉、腐烂的姜块捡出大棚，防止病菌传播。同时，将病姜周围的姜块捡出单独存放，并做好消毒处理。

第三节　姜的窖藏

可利用土窖、防空洞或地下室等场所贮藏姜，也可在山区丘陵地方建窑贮姜。

井窖分地下坑道和地上坑道两种方式。地下坑道一般采用斜井或楼梯方式，地上坑道一般通过山洞掩体改造而成。地下坑道深度一般为 6 米，主坑道宽 2.5 米，高 2.5 米，长 30 米。每隔 2 米布置一个侧坑道，侧坑道宽 2 米，高 2.2 米，长 5 米。采用砖砌墙，顶用砖发券。在每一个侧坑道两侧地下用砖砌地下水道，连接主坑道的中心集水坑。主坑道前后有换气通道，直径 0.4 米，设开关阀。一般可以贮存生姜 50 000～100 000 千克。地上坑道参照地下坑道建造侧坑道和主坑道的地下排水系统。

贮存收获后，直接入窖。经过挑选，将受挤压和表面不光亮的姜块挑出，然后按照头向下码放，一层姜一层沙码放到 1.2～1.3 米高，最上层覆盖沙层 20 厘米，每垛中间部位均布置两个直径 20 厘米的秫秸把，每个窖口用地膜覆盖。

入窖前，彻底打扫姜窖，用姜蛆净气雾剂或敌敌畏熏窖，封窖 1 天。后熟完毕后，进行第二次熏窖，杀灭贮藏过程中携带的各种虫螨，封窖 1 天。冬至时再次熏窖一次，并封窖。5～10 天后进窖检查生姜贮藏情况，发现病姜及时隔离剔除。

入窖后，生姜进行后熟，产生大量的热，用鼓风机从井窖口或换气通道向窖内换气，一般为 5～10 天。窖内温度保持在 11～15℃，相对湿度保持在 75%～85%。换气时在进风口和出风口加罩纱网，防止蚊虫侵入，同时在换气扇前加湿布调节进风湿度。

生姜采收后，先放在通风干燥处摊晾几天，等姜块表皮晾干后，入室储藏。先选好细湿沙或含沙量大的沙土，沙的湿度以手抓成团但无水渗出为度。用木盆或用砖块在地上围成圈，先在底层铺上 40 厘米厚的湿沙，然后铺一层 20 厘米厚的姜块，在姜块上又铺一层 10 厘米厚的湿沙，再铺一层生姜。这样，一层沙一层姜逐层铺至堆高 1～1.5 米，表面上盖一层 20 厘米厚的沙，每隔 20～30 天翻堆 1 次。翻堆时要轻拿轻放，剔除烂姜、病姜，然后按上法重新堆放。如沙子过于干燥，在翻堆时可用喷雾器适当喷水、拌匀，保持沙堆原来的湿度即可。

另外，设置姜床利用背风朝阳的南山坡，挖一条伸入山腰 5～10m 的隧道，窑窖的大小根据贮姜量而定。隧道底部如潮气重，可垫一层木板隔潮。姜入窖前，窖内采取烟熏法除湿消毒，使枯枝落叶在窖内焖火自燃，余烬可撒在四周。土窖可在窖内撒生石灰消毒。在离地 30 厘米处用木条架设姜床，床上铺稻草，再把姜分层堆放在床上，姜上盖 15～30 厘米厚沙土，既可防止窖内凝结水滴在姜上，又可防止姜失水干枯。窖温保持在 10～20℃。当窖温降到 5℃ 以下时，要封闭洞口，谨防冷空气侵入冻伤姜块。若发生腐烂，必须及时剔除，并在窖内撒上生石灰。

此外，在土层深厚，土质黏重，冬季气温较低的地方可采用井窖贮藏。井窖深约 2.5～3 米，井口大小以方便上下即可，在井底向两侧挖两个贮藏室，高 1～1.3 米，长宽各约 1 米。将姜块散堆在窖内，先用湿沙铺底，一层湿沙一层姜，上面再盖一层湿沙覆顶。贮藏初期因姜块呼吸旺盛，窖内温度较高，不要将窖口完全封闭，要保持通风。初期收获的姜脆嫩，易脱皮，要求温度保持在 20℃ 以上，使姜愈伤老化，疤痕长平，不再脱皮。以后温度控制在 15℃ 左右。冬季窖口必须盖严，防止窖温过低，贮藏过程中要经常检查，以防姜块发生异常变化。

第四节　姜的堆藏

堆藏是指将姜散堆在库内，用草包或草帘遮盖好，以防受冻。堆藏库不宜过大，一般每库以散堆 10 吨左右为宜。姜堆高 2 米左右，堆内均匀地放入若干个用秸秆扎成的通气筒，以利通气。堆藏时，墙四角不要留空隙，中间可稍松些。前期库温一般控制在 18～20℃。当气温下降时，增加覆盖物保温。当气温过高时，减少覆盖物以散热降温。

第五节　姜的沙藏

用沙藏方法贮藏姜，即一层沙 1～2 层姜，码成 1 米高、1.5 米宽的长方形垛，每垛 1 200～2 500 千克左右，垛中间立一个用细竹竿捆成的直径约 10 厘米的通风筒，并放入温度计，可随时测量垛温。垛的四周用湿沙密封，掩好窖门，门上留气孔。愈伤期温度可上升到 25～30℃，经过 6～7 周，垛内温度逐渐下降到 15℃，姜块完全愈伤，姜皮颜色变黄，散发出香气和辛辣味。此时姜不再怕风，可开窗通风，天冷时关闭。以后贮藏温度维持在12～15℃。立春后如窖内相对湿度低于90%～95%，可在垛顶表面洒水，若有出芽现象，说明贮温过高，可通风降温，若姜垛下陷并有异味，则需检查有无腐烂。

在室内地面上先进行消毒，然后再铺一层湿沙（消毒），再放一层鲜姜，依次相向进行，最后在最上层覆盖25厘米厚的细沙，以长2米、宽1.7米、高1.2米为宜。夏季注意通风散热，冬季覆盖防寒物。

第六节 姜的埋藏

在气温和地下水位较高的地方，可用埋藏法贮藏生姜。埋藏坑的深度以不出水为原则，一般1米深，直径2米左右，呈上宽下窄的圆形或方形，一个坑贮姜2 500千克左右，坑的中央竖一个秫秸把，便于通风和测温。姜摆好后，表面先覆一层姜叶，然后覆一层土，以后随气温下降，分次覆土，覆土总厚度约为55～60厘米，以保持坑内的适宜贮温，坑顶用稻草或秫秸做成圆尖顶防雨，四周设排水沟，北面设风障防寒。入沟初期姜块呼吸旺盛，释放的呼吸热导致温度上升，此时不能将坑全封闭，要注意通风散热。将坑内温度控制在20℃左右，以利愈伤。贮藏中期，姜堆逐渐下沉，要及时将覆土层的裂缝填没，以防冷空气透进坑内，使坑温过低。贮藏期间要常检查姜块有无变化，坑底不能积水。

要注意的是，挖深1米、底直径为2米的圆坑，挖出的土围在窖口四周，使窖总深度达2.3米，上口径为2.3米，地上部分土墙要拍实，防止漏风、崩塌，坑的四周挖排水沟。坑内先竖直放10个用芦苇捆成的长2.3米、直径10厘米的通风塔。姜块散装至坑口，中央高，四周低，成馒头形。一般每坑贮藏鲜姜5吨，贮藏量小于2.5吨，冬季难以保温；贮藏量超过10吨，坑大则管理不方便。入窖初期，姜块呼吸旺盛，产生的热较多，温度易上升，因此，姜面上覆盖一层姜叶，四周覆一圈土即可，以保持正常通风。以后随气温下降分次添加覆土，并逐渐向中央收缩。初收获的姜脆嫩，易脱皮，下窖后一个月，根茎逐渐老化，皮肉相合不再脱皮，同时剥除茎叶处的疤痕长平，顶芽处长圆时，需要较高的温度

（20℃）。以后姜堆下沉，要随时将因下沉所造成的覆土裂缝填平，防止透入冷气，造成窖温下降。覆土总厚度周缘为60厘米，中央为14厘米，窖顶用稻草等做成的尖形顶盖覆盖，东、西、北三面设防寒风障。姜窖要严密，以便保持内部自发形成的良好贮藏条件。

第七节　姜的浇水贮藏

选择有排水设施、略透阳光的室内或临时搭成的荫凉棚下，把姜整齐地排列在带孔的筐内，在垫木上码2～3层高的垛。视气温高低每天用凉水浇姜1～3次，最好用温度较低的地下水。浇水可以保持适当的低温和高湿，使姜块健康地发芽生长，姜块不变质。浇姜期间茎叶可高达0.5米，秧株保持葱绿色，如叶片黄萎，姜皮发红，表明根茎将要腐烂，应及时处理。入冬时秧子自然枯萎，连筐转入贮藏库，注意防冻，可越冬供应到春节以后。

第八节　姜的山洞贮藏

选择地势高、土层深厚、地下水位低的地方先挖一个高1.6米、宽0.9米的洞口，里面高1.8米、宽1.8～2.0米，再在边上挖几个拐洞，顶部铺塑料薄膜，用木料支撑加固，洞底两边开排水沟，中间铺上一层细沙。姜块排放时由最里面一块挨一块地往外排，一直排到洞口附近，高度距顶30厘米左右，洞口用木门密封，门上设25厘米见方的通风孔。贮藏初期洞内生姜呼吸旺盛，温度较高，应加强通风，保持在20℃左右，超过20℃应适当泼水降温。以后宜保持在15～18℃，由于山洞里温度较稳定，天冷时可在门里面挂一布帘，一般不需再采取其他措施。另外，当洞内空气相对湿度低于90%时应适当洒水增湿。

第九节　姜的通风库贮藏

选择空闲房屋作为贮藏室，要求干燥通风，不易进水，根据贮藏室大小设置一至多个隔箱库，高度根据贮藏量大小而定，一般为 1.2～2.0 米，贮藏箱与墙壁之间留有空隙，相邻贮藏箱之间设置隔墙，隔墙可单层也可双层，温度较高地区为单层，双层之间应留有空隙，宽 10～15 厘米，空隙内填实晒干的锯木屑或秸秆粉、细炭灰、煤灰、草木灰、晒干的细泥土等作保温材料。

　　贮藏的生姜应到田间选择不带病、不早衰、植株健壮，根茎充分膨大成熟，在晴天午后进行收获，不可在下雨前后收获，要随收随装袋，不要在阳光下暴晒，要求当天收获当天入库，不能在田间露地过夜。收获时可抓住茎叶整株拔出，轻轻地抖去根茎泥土，自基部折去茎秆，使断口整齐，避免机械损伤。当天收获的分别贮藏于隔箱库、微型库内。贮姜的收获处理基本一致，贮藏箱、库均为新修建，未进行消毒处理，每库分别贮藏鲜姜 4 050 千克。贮藏鲜姜时在箱、库底铺一层 3～5 厘米厚的河沙或红黏土，其上摊放鲜姜，姜层厚 40～60 厘米，姜层上再铺一层 2～3 厘米厚的河沙，其上再摊放鲜姜，如此堆放 2～4 层鲜姜，然后铺一层 1 厘米厚的河沙，通风库贮藏 7～15 天后，姜堆内温度自然降至 14～16℃时，再铺一层 2 厘米厚的河沙；贮藏 15～20 天后，姜堆内温度稳定在 11～13℃时，在顶层的河沙上再铺一层 5～10 厘米厚的锯木屑等保温材料。若姜堆内温度降至 12℃以下，锯木屑上应再加铺锯木屑或盖草席，或封闭部分通气管。翌年 3 月后温度升高至 15℃以上时，及时敞开通气管换气或扒开锯木屑等保温材料，并扒开最上层的河沙，以降低温度。贮藏期间，每隔 20～30 天打开部分贮藏箱，检查是否发生霉变。河沙既能保持姜的温度又有利于透气，并且能使姜块的颜色鲜黄、光泽亮丽，能提高姜的商品价值。种姜和加工干姜的鲜姜则不必使用河沙贮藏。通风库贮藏的姜，每天 7：00 及 14：00 测量温度，分别测量各通气管上、中、下部的平均温度。

　　因受气候的影响，贮藏生姜一般应在霜降至立冬期间收获，收获时间短，前后仅 15 天左右，贮藏库、通风库的设计是否科学合理尤其重要。多年来鲜姜的贮藏都是以井窖、窑窖为主，但这两种窖的缺点主要是窖深口小，生姜进出窖时耗工费时且不经济；另外贮藏期间窖口是封闭的，贮姜是否霉烂不便于检查；建窖时受地点、安全等条件限制投资较大，但贮藏量较小，多则可贮3～4吨，少则几百千克。微型节能冷库及通风库是国家科技部"十五"期间重点推广的科技项目，贮姜期间的温度可控制在11～13℃，贮藏效果较好，但投资较高，耗电量较大，需要建造专门的库房并配备专用的制冷和换气设备，每年使用前需加氟利昂，其与噪音等都给环境造成污染，不利于节能减排。由于库门小，贮姜进出库时费工，不适宜在农村和贮藏加工大户中推广使用。

隔箱库贮藏生姜的主要核心技术及特点：隔箱库堆砌的箱墙与原墙的空隙以及箱与箱之间的隔墙空隙可宽可窄。气候较冷凉的地区，所留的空隙可宽，填充的保温材料应多而厚实，温度可以控制在11～13℃。贮藏期间温度的高低可通过换气管来控制，温度高可敞开部分换气管口，温度低可封闭部分换气管口。贮藏时由于有隔箱墙，工人可以站在隔箱墙上操作，从而达到轻拿轻放的要求，避免姜块受到机械损伤。贮藏时间可长达160天左右。该项技术于2004年申请国家专利，2007年5月获国家发明专利证书。如云南慷葆食品科技开发有限公司2007年11月26日，在罗平县城云贵路运用隔箱库贮藏技术贮藏罗平小黄姜9 993千克，2008年3月20日出库，共贮藏116天，好姜9 214千克，水分、泥土等自然损耗735千克，占7.36%，烂姜44千克，烂损率0.44%。2008年2月罗平县遭受50年一遇的冰冻灾害，井窖、窑窖等地窖贮藏的姜种烂姜2 500吨，损失逾500万元，姜农损失惨重，而隔箱库贮姜的烂损率只有0.44%。不需建造专门的库房和安装机械设备，不需要使用化学材料，不造成二次污染，所需设备简单、成本低廉、原材料来源广泛，所以，贮藏综合效益高。

第十节　姜的冷库贮藏

冷藏库由具有良好隔热保温效果的库房和制冷设备组成，二者结合可以不受外界气温的干扰，保持较低且稳定的库温，为鲜姜贮藏保鲜提供理想的温度环境。

一、入贮前准备工作

在入贮前10天全面清扫，用硫黄熏蒸法进行杀菌消毒，一般库容用硫黄 10～20 克/立方米，用锯末（作助燃剂）与硫黄按 1：1 的比例混合均匀，点燃后立即吹灭明火使其发烟，库房密闭 24～48 小时后打开库门通风换气，也可采用库房专用杀菌剂消毒杀菌。

二、贮藏管理

库房应在入贮前 5～7 天开机降温，使库温维持在 10℃左右。采收的姜块经过挑选后入库，放在提前制作好的铁架上预冷 24～48 小时后，装入厚度为 0.02～0.03 毫米无毒聚氯乙烯（PVC）保鲜袋内，每袋容量不宜过大，一般在 10～15 千克。装袋时需轻拿轻放，以免擦伤表皮，造成机械伤害，影响外观。装袋后整齐地摆放在架上，将袋口轻挽，以防水分蒸发。库温控制在 12～13℃，一般可贮藏 3 个月左右，鲜姜表皮颜色基本不变。若继续长期贮藏，鲜姜表皮会由黄色逐渐变成浅褐色而降低外观质量。控制库温不低于 11℃，否则易发生冷害。

第七章

蒜的生物学特性

第一节 概　　述

一、概况

大蒜，别名蒜、胡蒜，古名葫。蒙药名为沙日木斯格，藏药名为果巴，拉丁学名叫 *Allium sativum*。大蒜原产于亚洲西部高原，汉代张骞通西域时引入我国中原地带，在我国已有两千余年历史。最初引自胡地，叫作胡蒜，因其头大，所以称作大蒜。大蒜在其植物归类上，属百合科葱属中以鳞芽构成鳞茎的栽培种，两年生草本植物。其出土的部分为叶，称蒜苗，狭长而扁平，淡绿色，肉厚，表面有一层薄薄的蜡粉。从茎盘中央抽生出的蒜薹，也是一种香美的蔬菜，在低温冷库中贮存，周年保持鲜嫩。蒜薹顶端的花序，花形为气生小鳞茎，俗称"天蒜"，可用于繁殖大蒜的下一代。不过用"天蒜"繁殖下一代生长期长，需两年的时间才能长成蒜头，故大蒜的栽培一般都采用大蒜蒜瓣。

大蒜生育期短，适应性较强，全国各地普遍栽培，品种繁多，1980—1990 年各省市区审定和认定的品种共有 13 个，各地还有很多地方品种和农家品种。

我国南北各地都有大蒜名特产区，如黑龙江省的阿城、宁安，吉林省的农安、和龙，辽宁省的开原、海城，河北省的永年、安国，山东省的嘉祥、安丘、苍山，陕西省的岐山，甘肃省的泾川，西藏的拉萨等。

我国栽培大蒜，不但食用鳞茎，蒜薹的销量也比较大。蒜薹耐贮耐运，每年北方各大中城市，都从大蒜产地购进大批蒜薹，利用气调库贮藏，北方农民也有利用土冰窖贮藏当地蒜薹。所以蒜薹不但冬季早春不缺，并已实现了周年供应。

另外利用小瓣蒜生产蒜苗，也很普遍，特别是北方广大地区，冬季生产蒜苗具有丰富的经验和悠久的历史。

二、生物学特性

大蒜的成龄植株，是由叶身、假茎、鳞芽、花薹和茎盘组成。鳞茎外面是多层干缩的叶鞘，内部是肥大的鳞芽。

(一) 根

大蒜的根是从蒜瓣基部的背面发出最多、腹面较少的须根，主要根群集中在 25 厘米范围内的表土层中，横向展开在 30 厘米范围以内。因根系浅，根量较少，所以表现喜湿、喜肥的特点。

大蒜用蒜瓣繁殖，播种前蒜瓣基部已形成根的突起，播后遇到适宜的条件，一周内便可发出 30 余条须根，而后根的增加缓慢，根长迅速增加。退母后又发生一批新根，采收蒜薹后根系不再增长，并开始衰亡。

(二) 茎

在营养生长时期，茎短缩呈盘状，节间极短，生长点被叶鞘覆盖。分化花芽以后，从茎盘顶端抽生花薹，但不开花，或只开紫色小花而不结种子，所以大蒜只能用营养繁殖。植株在花薹的总苞中能形成气生鳞茎。

气生鳞茎的构造与蒜瓣并无明显区别，只是个体很小，也可作为播种材料。但因体积太小，只能形成独头蒜，用独头蒜再繁殖可长成较大蒜头。

(三) 叶

播种时种蒜已分化 5 片真叶，播种后继续分化新叶。花芽分化后新叶分化结束，叶数不再增加。叶片的增长在大蒜出土后较为迅速，每周增长 1.2～1.3 片叶，两周后增长速度减慢，直至已分化的叶片全部长出为止。

大蒜叶互生，对称排列，其着生方向与蒜瓣背腹连线相垂直。播种时将蒜瓣的背腹连线与行向平行，则叶片能接受更多的阳光。

大蒜的叶鞘是营养物质的临时贮藏器官，分化越晚的叶，其叶鞘越长，叶数越多，假茎越粗壮。

幼苗期假茎上下粗度相仿，鳞芽分化以后，由于鳞芽逐渐膨大，叶鞘基部随着增粗，鳞茎成熟时，因为基部所积累的营养物质内移到鳞芽，所以外层叶鞘逐渐干缩呈膜状，包裹着鳞芽，使鳞芽能长期贮存。

大蒜叶数越多，叶面积越大，维持同化功能的日数越长，对蒜薹和鳞芽的生长就越有利。

所以在栽培技术上，应掌握好栽培季节，在鳞茎形成前促进叶面积扩大，鳞茎形成期防止叶片早衰，才能长成大的蒜头，获得高产。

大蒜不能产生种子，生产上采用营养繁殖的方法，所以它的生长动态与其他葱蒜类蔬菜都不相同。

第二节　蒜的种类与品种

大蒜从蒜头和蒜瓣外皮颜色来分，有紫皮蒜和白皮蒜；按蒜瓣的大小分，有大瓣蒜和小瓣蒜，但是蒜瓣大小都有紫皮和白皮，所以应以蒜瓣大小为分类依据。

一、六瓣红

天津市农作物品种审定委员会1987年认定。天津市地方品种，株高65～75厘米，9片剑形叶，叶色浓绿，蜡粉较厚。蒜头横径6.5厘米，一般6瓣，外皮紫红色，单头重60～70克。质脆，辣味浓，品质好。亩产干蒜800～900千克。

二、柿子红

天津市农作物品种审定委员会1987年认定。天津地方品种，株高70厘米，叶9片，浅绿色，蜡粉较少。蒜头扁圆，柿子形，横径5～6厘米，单头重40克。辣味适口，蒜皮易破裂，不耐贮运。亩产干蒜550千克左右。

三、紫皮蒜

内蒙古自治区农作物品种审定委员会1989年认定。内蒙古自治区地方农家品种，株高 55～65 厘米，开展度 40～54 厘米，假茎高 16～21 厘米。成株 8～9 片叶，叶片细长，较厚，扁平实心，草绿色，鲜蒜头重 32～58 克。在内蒙古生长期 105～110 天。植株长势强，苗期抗寒，耐旱，抗盐碱，抗病性强，后期易受地蛆危害。易抽薹。辛辣味浓，品质好，耐贮藏。亩产蒜薹 75～100 千克，鲜蒜头 750～900 千克。

四、二红皮蒜

内蒙古自治区农作物品种审定委员会 1989 年认定。由河北省保定市引入内蒙古自治区，株高 56 厘米，开展度 45 厘米，假茎高 35 厘米。成株有大叶片 7～8 片，叶面光滑，有蜡粉。蒜头纵径 4.5 厘米，横径 5.4 厘米，蒜头外皮浅紫红色。蒜头重 80 克左右。苗期耐寒，较抗旱，耐盐碱，抗病。后期易受地蛆危害。蒜瓣辣味浓，品质中上，耐贮藏，亩产鲜蒜头 1 750 千克左右。

五、宁蒜 1 号

黑龙江省农作物品种审定委员会 1990 年审定。黑龙江省宁安县农业科学研究所用当地紫皮蒜为材料，经辐射处理后选育而成。叶片收敛，长势强，叶茂盛。株高 60 厘米左右。蒜薹直立，长 42 厘米左右，后期薹顶端出现弯钩形状。蒜头重 45 克左右。在黑龙江省生长期 95～100 天，需活动积温 1 280℃ 左右。平均亩产干蒜 356 千克。喜肥水，蒜头品质好，辣味浓，口感性好，抗旱、抗病力强，耐贮运。

六、嘉祥大蒜

山东省农作物品质审定委员会 1983 年认定。山东省嘉祥县地方品种，株高约 55 厘米，蒜头呈圆球形，6～8 瓣，皮上有红纹，肉白色，辣味浓。蒜头重约 50 克，秋种夏收，全生长期约 260 天，一般亩产蒜薹 150 千克，蒜头 750 千克左右。

七、太仓白蒜

江苏省农作物品种审定委员会 1986 年认定。江苏省太仓县地方品种，熟性偏早，属青蒜、蒜薹、蒜头三者兼用类型。青蒜假茎粗，叶片阔，叶肉厚，叶色墨绿。总叶 12～14 片。蒜薹长 30～40 厘米，较粗，单薹重 16 克左右。亩产 250～375 千克。蒜头大，圆而洁白，一般蒜 6～9 瓣，较均匀，味香辣，亩产 500～750 千克。

八、苍山蒜

河南省农作物品种审定委员会 1990 年认定。河南省临颍县种子站 1978 年引自山东省苍山县。株高 100 厘米，茎粗 0.8～1.2 厘米，15 片叶。蒜薹单重 30 克左右，蒜皮白色，光滑无皱纹。蒜头大，圆形，每头 6～7 瓣，平均直径 3～4 厘米，单头重 38～40 克，单瓣重 5～6 克。蒜头休眠期长，耐贮性好，但不耐旱，辣味较浓，肉细品质好。抗叶锈病、条锈病。可作蒜头、蒜薹兼用品种。

九、苍山高脚蒜

山东省农作物品种审定委员会 1986 年认定。山东省苍山县地方品种，株高 85～90 厘米，茎粗 1.5 厘米左右。蒜薹粗长，蒜头 6 瓣左右，重 31 克以上，皮白。生长期 240 天。

十、苍山糙蒜

山东省农作物品种审定委员会 1986 年认定。山东省苍山县地方品种，株高 80～90 厘米，茎粗 1.3～1.5 厘米。蒜头多为 4～5 瓣，重 30 克左右，白皮。生长期 230～235 天。蒜头与蒜薹产量与苍山大蒜相当。

十一、苍山蒲棵大蒜

山东省农作物审定委员会 1986 年认定。山东省苍山县地方品种，株高 80～90 厘米，茎粗 1.5 厘米，重 28～34 克，6～7 瓣，白皮。生长期 240 天左右。蒜头亩产 750 千克左右，蒜薹亩产 300 千克左右。

十二、苏联蒜

河南省农作物品种审定委员会 1990 年认定。河南省临颍县种子站

1953 年由山东省引进，株高 35 厘米，茎粗 0.9～1.3 厘米。每株 13 片叶。蒜薹重 6.5 克，蒜皮紫色，皱皮，有光泽。鳞茎大，扁圆形，横茎 5.2 厘米，单头重 49.1 克，蒜瓣呈明显的双层排列，头大瓣多，每头 11～12 瓣。耐寒性强，休眠期短，贮藏性稍差，辣味较淡，抗锈病稍差。

十三、白皮蒜

内蒙古自治区农作物品种审定委员会 1989 年认定。内蒙古自治区地方品种，株高 53～75 厘米，开展度 42～55 厘米，假茎高 22～31 厘米，成株 8～10 片叶。叶草绿色，扁平实心，有蜡粉。蒜头纵茎 4.5～6 厘米，横茎 4.5～5.8 厘米，每头平均有蒜瓣 22～24 个。蒜瓣 2～3 层，最外一层较大，内层渐小。鲜蒜头重 39～76 克。蒜头外皮白色。在内蒙古自治区生长期 120～125 天。植株长势强，抗病力强，幼苗抗寒。对土壤要求不严格，但易受地蛆危害。辛辣味不浓，品质中等，耐贮藏。亩产蒜头 1 000 千克左右。

此外还有阿城大蒜、开原大蒜、蔡家坡大蒜、白马牙大蒜和拉萨白皮大蒜等很多地方品种。

第三节　蒜的种植技术

一、种植技术要点

(一) 选择优良品种

选择外皮稍带紫红色，皮薄，蒜瓣肥大，辣味浓，品质好，属有薹种。生长健壮，耐寒性强，抽薹率高，耐贮藏，适于秋栽。

(二) 适期播种

大蒜必须适期播种，过早，出苗率低，且易出现复瓣蒜；过迟，冬前生育期短，幼苗太小，易受冻害，且影响大蒜产量及品质。

(三) 整地施肥

大蒜对土壤的适应性比较广泛，沙壤、壤土都可以，但以有机质丰富、土层深厚、排水良好的微酸性沙质土壤为好。在这样的土壤上种植大蒜，根系发达，返青早，抽薹早，蒜头大，而且辣味浓香，起蒜容易。精细整地，增施有机肥，对提高大蒜产量、改善品质具有重要意义。种植大蒜的地块需要深翻细耙，以增加土壤的通透性，有利于土壤微生物的活动和土壤养分的转化，有利于根系的发展和鳞茎肥大。上茬作物收获后要及早耕翻晒垄，耕地深翻 20～30 厘米。由于覆盖地膜，在大蒜生长期间不宜追肥，因此，在播种前应结合整地一次性施足底肥，每亩地施优质圈肥 5 000 千克，饼肥 80 千克，氮、磷、钾三元复合肥 40 千克，硫酸锌 1.5 千克。

（四）播种盖膜

选择个头大、蒜瓣大而整齐、硬实、颜色洁白而新鲜的蒜头作种。一般要求蒜瓣百粒重 400 克以上，当地温稳定在 18～19℃，即可播种，这样到越冬时蒜苗高达 25 厘米以上，有利于安全越冬。播种要求行距在 15 厘米左右，株距掌握在 6～8 厘米，开沟深度为 10 厘米，将种瓣排在沟中，并使其保持直立，每亩地密度掌握在 40 000～50 000 株，然后盖土覆膜。覆膜时，要求地膜在畦面上平展而无皱褶，地膜下面无空隙，使地膜紧贴畦面，以免滋生杂草。当大蒜出苗 50％以上时进行破膜，破膜用尖铁丝在膜上扎孔，孔口直径掌握在 1 厘米左右。

（五）田间管理

播种后应立即浇一次透水，出齐苗后浇第二次水，土壤封冻前浇一次防冻水。数天后覆盖草帘或玉米秸秆，防寒防旱，保证蒜苗安全越冬。春分前后应及时清除地面覆盖物并选晴朗温暖天气浇水，促进蒜苗及早返青生长。4 月初至 4 月底根据墒情浇一次发棵水、随水追肥 2～3 次，一般亩追施尿素 15 千克，采薹前 3～4 天停止浇水。蒜薹收获后应经常保持土壤湿润，促进蒜头迅速增大，直至收获前 2～3 天停止浇水。

（六）病虫害防治

当蒜苗长到 2 叶 1 心时，用高效氯氰菊酯等高效低毒农药防治蒜蓟马和蒜蝇等害虫。3 月中旬注意防治蒜蛆、蒜螟，用药同上。用 50％多霉灵或 65％甲霉灵 1 000 倍液防治大蒜叶枯病。

（七）适时收获

一般天气条件下，地膜大蒜在 5 月中下旬收获。这时植株叶片大部分已经枯干，假茎变软，为采收的最佳时期，可抓住有利时机和较高的行情及时出售鲜蒜，如行情不好，可晾干后错季出售干蒜或在冬季生产蒜黄。

二、冬季种植技术

（一）选地整地

蒜头是须状根，吸水吸肥能力较弱，鳞茎在土壤中生长，膨大，所以蒜头应选择土壤疏松，排灌方便，有机质丰富，肥沃松软，保水力强的沙质土壤种植。良好的半泥沙地，有利于蒜头的根系生长。土地一般需适当深翻、晒白，起高畦、平畦均可，畦宽 1.3～1.7 米，坑宽 0.5 米。要打碎畦块，铲平畦沟，做到排灌便利。

（二）病虫防治

蒜头主要病虫是软腐病、黄叶花病、咖啡豆象等。防治病害可用25％多菌灵 500 倍液喷施。虫害可用 90％晶体敌百虫 1 500 倍液喷施。叶枯病、霜霉病可喷 75％百菌清 500 倍液。

（三）适时收获

在蒜薹采收 20～30 天后即可收获蒜头。但不能等到地上部叶子全部枯萎，如春暖遇雨水多，又过迟不收，容易腐烂，采收后蒜瓣容易散开，不耐贮藏。采收后，在阳光下晾晒几天，然后捆编成束，在阴凉干爽的地方堆藏或挂藏以作种用。或用火熏后成批出口。

三、种植方法

（一）精细整地

种植大蒜以肥沃、松软、排水优良的砂质土壤为好，尽量避免连茬。一般深耕在 15～20 厘米，结合深耕亩施厩肥 1 000～1 500 千克，筑 2 米左右的畦，挖好排水沟，畦面保持平整、松软。

（二）适时播种

作蒜头种植的，以 9 月上旬至 10 月上旬播种为宜；最迟不得超过 10 月中旬。作青蒜种植的，以 8 月中下旬播种最佳。播种采取穴植，每穴2～3 瓣，间距 17 厘米×20 厘米，深度保持在 0.02～0.3 米，播种后覆盖一层草木灰或浇上一层泥沙浆。亩播种量 120～140 千克。要注意选择抗逆性较强的品种。

(三) 施肥管理

(1) 基肥：在整地前亩施碳酸氢铵 20～25 千克，过磷酸钙 8～10 千克，氯化钾 4～5 千克，或复混肥 15～20 千克。

(2) 苗肥：全苗后三叶初，每亩施入畜粪尿 1 500～2 000 千克，再加 5 千克尿素。

(3) 腊肥：所谓腊肥，即在冬天至翌春给作物追施的一次补肥。每亩施碳酸氢铵 10 千克，人畜粪 1 000～1 200 千克。

(4) 抽薹肥：大蒜抽薹期，每亩施尿素 15 千克。

(5) 叶面喷肥：在蒜头急速膨大期，亩喷施 0.2％～0.3％磷酸二氢钾溶液，最好在谷雨前后喷施。

(四) 田间管理

大蒜齐苗后用竹片移苗、定苗。在定苗后施肥并及时进行松土除草。大寒前后松土一次，翌春 2 月下旬及时疏通排水沟，如遇天旱，应及时沟灌抗旱。

(五) 防治病虫

大蒜主要病虫害有疫病、咖啡豆象。亩用 25％多菌灵 100 克兑水 50 千克喷雾防治疫病；大蒜咖啡豆象可用磷化铝 3～5 克/立方米熏蒸防治。

(六) 及时采收

蒜薹的采收一般在 4 月上旬至 5 月上旬。当蒜薹上部向下弯曲时，或抽出叶顶 0.1 米时应及时采收，并削净蒜蒂，就地摊晒 2～4 天，然后贮藏。

第四节　蒜的营养价值和药用价值

一、蒜的营养价值

大蒜的营养十分丰富，每 100 克新鲜蒜头中含蛋白质 44 克，脂肪 0.2 克，碳水化合物 23 克，粗纤维 0.7 克，钙 5 毫克，磷 44 毫克，铁 0.4 毫克，维生素 B 0.3 毫克，维生素 A 0.9 毫克，维生素 C 3 毫克及多种微量元素。大蒜的营养价值很高，其风味特殊，色、香、味、形俱全，能多层次满足人们饮食的欲望。蒜头洁白辛辣，品质黏辣郁香，形如珍珠白玉，后劲十足。蒜薹质嫩清甜，绿白相隔，脆嫩可口。蒜苗色绿鲜美，味辣带辛，蒜香扑鼻，爽口开胃。大蒜的食用方法很多，可生食、拌食、炒食，亦可作调味料，还能加工成多种食品。一般加工成蒜粉、蒜片、蒜油、蒜酱，还可加工成糖蒜、醋蒜、盐蒜等。

二、蒜的医用价值

大蒜的医疗效用明显，自古为药用蔬菜。5 000 多年以前即为药物，古罗马的自然科学家认为大蒜可治疗不同的疾病。我国古代药典名著《本草纲目》中，认为大蒜味辛，性温，入肺、胃经。有暖脾健胃、促进食欲、帮助消化、消咳止血、行气消积、解毒杀虫等功效。大蒜是一种杀菌消毒剂，对多种细菌有强烈的杀伤力，可用来预防和治疗呼吸、消化系统的多种疾病，如感冒、头痛、鼻塞、各种结核病、口腔与肠道感染、肠炎、菌痢、胃炎、肾炎、流行性脑膜炎、口腔炎等症。据国外研究，大蒜还可治疗肥胖病、高血压、预防血栓性疾病等。国内大蒜主产地山东省苍山县的胃癌发病率特别低，也证明了大蒜有抗癌、抵御放射性危害、增强人们体力和耐力的作用。目前，世人已公认大蒜是药用保健性食品。正是由于大蒜具有上述特性，国内的消费量逐年增加，国际上的需要量也日益加大，这些都是我国大蒜种植面积迅速增大的主要原因。

三、大蒜的生理功能

（一）抗菌消炎

大蒜是天然的植物广谱抗生素，大蒜约含 2% 的大蒜素，它的杀菌能力是青霉素的 1/10，对多种致病菌如葡萄球菌、脑膜炎、肺炎、链球菌及白喉、痢疾、伤寒、副伤寒、结核杆菌和霍乱弧菌，都有明显的抑制和杀灭作用。还能杀死更多种致病真菌和钩虫、蛲虫、滴虫。生吃大蒜是预防流感和预防肠道感染病的有效方法。但应注意大蒜素在高温下易被破坏，失去杀菌作用。

（二）抗癌

大蒜中的含硫化合物主要作用于肿瘤发生的"启动阶段"，通过增强解毒功能，干扰致癌物的活化，防止癌症形成，增强免疫功能，避免正常细胞向癌细胞转化。大蒜含多种微量元素，硒能杀死癌细胞，降低癌症发病率。

（三）抗血小板凝聚

大蒜精油具有抑制血小板凝聚的作用，其机理为改变血小板膜的理化性质，从而影响血小板的摄取和释放功能，抑制血小板膜上纤维蛋白质原受体，抑制血小板与纤维蛋白原结合，影响血小板膜上的硫基，改变血小板功能。

（四）降血脂

据流行病学调查研究发现，平均每日每人吃蒜 20 克的地区，其心血管疾病的死亡率明显低于不食生蒜习惯的地区。研究人员对崂山县的50 人进行测试，让他们每日食生蒜 50 克，6 日后测得血清总胆醇、甘油三酯及脂蛋白的含量均明显低于实验前。经常食用生蒜也有降压作用。

（五）降血糖

实验证明，生食大蒜有提高人体葡萄糖耐量的作用，还可促进胰岛素的分泌，增加组织细胞对葡萄糖的利用，从而使血糖下降。

（六）可使血液变稀

抽烟喝酒会使血液变得黏稠，如果同时吃些大蒜，就会平衡稀释血液，而且还具有类似维生素 E 和维生素 C 的抗氧化特性。

（七）降低血压

高血压患者每天早晨吃几瓣醋泡的大蒜，并喝两汤勺醋汁，吃半月对高血压患者会有明显的效果。

（八）降低胆固醇

大蒜配蛋黄可抑制血管和皮肤老化，蛋黄里所含的卵磷脂能清除黏着在血管壁上的胆固醇，起到降低胆固醇的作用。另外，蛋黄还含有丰富的维生素 E，能抑制活性酸素，减缓血管和皮肤的老化；而大蒜能促进血液循环。这一搭配不但有更好的抗老化作用，对怕冷症的治疗甚至美容也有不错的效果。对于那些不喜欢大蒜刺激性气味的人来说，大蒜煎蛋黄是一个不错的选择。它是在捣碎的大蒜里拌入蛋黄，然后用文火慢慢煎成，既没有刺鼻的味道，又不会对胃产生强烈刺激。

（九）消除疲劳、恢复体力

猪肉是含维生素 B_1 最丰富的食物之一，而维生素 B_1 与大蒜所含有的蒜素结合在一起，能起到消除疲劳、恢复体力的作用。

（十）使血液畅通

大蒜加青鱼食用，能够使血液通畅，大蒜能促进鱼肉蛋白质的消化。鲳鱼、秋刀鱼、青鱼中含有丰富的不饱和脂肪酸，对于降低胆固醇、凝固血小板、溶解血栓有明显效果，和大蒜一起吃，更有助于血液畅通。

大蒜宜生食。食用大蒜最好捣碎成泥，而不是用刀切成碎末。捣碎大蒜先放 10～15 分钟，让蒜氨酸和蒜酶在空气中结合产生大蒜素后再食用。

要注意大蒜的量，不是吃得越多就越好。大蒜吃多了会影响维生素 B 的吸收，大量食用大蒜还对眼睛有刺激作用，容易引起眼睑炎、眼结膜炎。另外，大蒜不宜空腹食用。胃溃疡患者和患有头痛、咳嗽、牙疼等疾病时，不宜食用大蒜。每天 1 次或隔天 1 次即可，每次吃 2～3 瓣。

四、食用大蒜时注意事项

蒜是厨房"三宝"之一，营养丰富，内含蛋白质、钙、磷、维生素 B 和维生素 C，同时又是保健良药，可提高身体的免疫功能，大大减少呼吸道、消化道、心血管及癌肿的发病率。但是大蒜里有一种含硫的挥发性物质，吃后产生特殊的气味，并有辛辣刺激性，所以一般不易被人接受。如在食后用浓茶漱口或将少许茶叶放入嘴里咀嚼一会，气味就能消失。

大蒜与青蒜等葱属蔬菜的药效与防腐性是由于酵素性的蒜碱。蒜碱是一种不具香味的香味前驱物，将大蒜打碎时，本身所含的酵素——蒜酶立刻起反应，其分解产物之一为蒜素，蒜素有氧化及杀菌的功能，因此才出现应有的药效防腐与独特的蒜香味。蒜素性质很不稳定，能自行分解成其他化合物，诸如硫化物、二硫化物、三硫化物等。

生大蒜头、青蒜头相当辛辣，这是蒜素刺激口腔黏膜和舌头而引起的作用，因为蒜素既是水溶性又是脂溶性的物质，所以能进入结核菌的脂质而达到杀菌的目的又可治咳嗽。蒜素能刺激肠胃，促进肉类等蛋白质的消化，促使大肠蠕动，治疗便秘及痢疾。由于蒜素能抗氧化、还原维生素 B，有助于人体吸收维生素，对神经痛、肌肉痛、肩膀酸痛等症都有很好的疗效。蒜头里还含有微量金属元素锗。锗可为机体提供氧元素，有助消除疲劳，增加持久力。

第八章

蒜的加工技术

第一节　大蒜粉的加工

一、概述

将大蒜加工成大蒜粉，所需设备简单，经济效益好，很适合乡镇企业或专业户生产，且国际市场需求量大，是值得大力推广的项目。

二、工艺流程

选料→浸泡→打浆→脱水→烘干→粉碎→包装→成品

三、操作要点

1. 选料

选用收获时叶黄秸枯，头大，瓣肉洁白、无病虫害、无机械损伤的大蒜作为原料，剔除不合格部分。

2. 浸泡

将选好的大蒜用冷水洗净，剥开分瓣，在冷水中浸泡1小时左右，搓去皮衣，捞起蒜团，沥干余水。

3. 打浆

将沥干的蒜捞起放入打浆机中，进行粉碎打浆。

4. 净水

打浆后，用粗纱布过滤蒜泥，除去残余皮和蒜瓣中加入的膜衣等杂物。

5. 脱水

用细布挤压蒜泥去除水分，总的要求是能一次迅速把水分除尽，不能拖延时间，以防蒜浆变味影响质量。同时，要注意以上工具使用后，必须立即冲洗干净，以免下次使用时出现异味。

6. 烘干

将脱水的湿蒜粉立即摊平放在烘盘上，再将烘盘放入烘房。烘房恒温保持在50℃左右，烘约5小时，到湿蒜粉干至能用手碾成面即可。

7. 粉碎

将烘干的大蒜粉趁热用粉碎机粉碎过筛，使蒜粉均匀成面粉状，即为成品。

8. 包装

经检验合格后，把干大蒜粉直接装入食品塑料袋或防潮牛皮纸袋，封严后装箱。在包装前还可按比例加入干姜、陈皮、花椒、桂皮、小茴香等，制成混合调味大蒜粉。

第二节 大蒜脯的加工

一、工艺流程

选料→分辨→去内皮→漂洗→硫处理→盐渍→脱臭→糖煮→调味→烘干→回潮→检验→包装→成品

二、操作要点

1. 选料、分辨、去内皮

挑选成熟、干燥、无虫蛀、无霉变并带有完整的外皮大蒜；将挑选的蒜头加工分瓣，剔除外皮及蒜粒。

2. 漂洗

将蒜粒倒入大缸内，用清水进行浸漂，漂洗时间为6~8小时，漂洗要求每隔2小时换1次水，以达到漂去蒜米黄水的作用。将漂洗后蒜瓣剥去内衣，入缸再漂洗8小时。

3. 硫处理

漂洗好的蒜瓣捞出，沥净水分，每百千克蒜一般用 0.5 千克硫黄，在熏硫室中进行熏硫 1～1.5 小时。

4. 盐渍

每百千克蒜瓣混匀 5 千克盐，入缸压实 24 小时，其间均匀倒缸 10 次，盐渍完毕将蒜瓣切分成两片，用水漂洗 10 小时，每 2 小时换水 1 次，至口尝略咸为止。

5. 脱臭

煮沸 1.5％～2％醋酸溶液，倒入蒜片煮 15～20 分钟，捞出用清水漂至溶液呈中性。

6. 糖煮

取内含 0.3％柠檬酸的糖液（浓度为 30％）3 份，放入蒜片 1 份，小火慢热糖煮，至蒜片透明，糖液浓度达 50％捞出，速用 95℃热水洗去表面糖液。

7. 调味

将桂花、小茴香、陈皮、水（以 3∶3∶2∶15 千克比例）混合后小火煮沸 1 小时，滤后调整总量至 10 千克，将 1.5 千克味精，2 千克盐溶解后倒入 100 千克蒜片拌匀。

8. 烘干

调好味的蒜片均匀地摊放在烘盘中，放在烘架上，送入烘房，在 60～70℃下烘烤 8～10 小时，当其含水量为 18％～20％时，即可出房。

9. 回潮

干燥后的蒜脯，放入密封容器中回潮 36～48 小时，使其水分平衡。

10. 检验、包装

取出回潮后的蒜脯，进行质量检验，剔除煮烂、干瘪等不合格的产品。然后用食品塑料包装，即为成品出售或入库。

第三节　脱水大蒜片的加工

一、工艺流程

挑选→清理→切片→漂洗→脱水（烘干）→平衡水分→分选→包装→成品

二、操作要点

1. 选料

选无腐烂、无病虫害、无严重损伤及疤痕的白皮瓣大、无干瘪的大蒜头。

2. 清理

先用清水清除蒜头附着的泥沙、杂质等，然后用不锈钢刀切除蒜蒂，剥出蒜瓣，去净蒜衣膜，剔除瘪瓣及病虫蛀瓣。经清理后的蒜瓣立即装入竹筐中，在流动清水槽中反复漂洗或用高压水冲洗几遍。注意光裸蒜瓣必须在24小时之内加工完毕，否则将影响干制品的色泽。

3. 切片、漂洗

一般采用机械切片。切片时，要求刀片锋利，刀盘平稳，速度适中，以保证蒜面平滑、片条厚薄均匀。蒜片厚度以1.5毫米为宜。片条过于宽厚，则干燥脱水慢，色泽差；片条过于薄窄，色泽虽好，但碎片率高，片形不挺。切片时需不断加水冲洗，洗去蒜瓣流出的胶质汁液及杂质。切出的蒜片立即装入竹筐内，用流动水清洗。清洗时可用手或木耙将蒜片自筐底上下翻动，直至将胶汁漂洗净为止。

4. 脱水（烘干）

将洗净的蒜片装入纱网袋内，采用甩干机甩净附着的水，将甩净水的蒜片摊在晾筛上，放入烤炉或烤房内，于55℃左右温度下持续烘干6～7小时。烘干过程中，注意保持干燥，室内温度、热风量、排气量稳定，并严格控制烘干时间及烘干水分。若烘干时间过长、温度过高，会使干制品变劣，影响其商品价值。烘干品水分含量控制在4.0%～4.5%即可。

5. 平衡水分

由于蒜片大小不匀，使其含水量略有差异。所以烘干后的蒜片，待稍冷却后，应立即装入套有塑料袋的箱内保持1～2天，使干品内水分相互转移，达到均衡。

6. 分选、包装

将烘干后的大蒜片过筛，筛去碎粒、碎片，根据蒜片完整程度划分等级，采用无毒塑料袋真空密封，然后用纸箱或其他包装材料避光包装发售、贮运。另外，筛下的碎片、碎粒可另行包装销售，也可再添加糊精、盐、糖等，置粉碎机粉碎为大蒜粉。

第四节　香脆蒜片的加工

一、主要设备

分选机，清洗机，切蒂机，提升机，切片机，脱水机，真空浸渍罐，真空烘干机（真空系统、冷凝系统及真空烘干系统），电子秤，真空包装机等。

二、工艺流程

选料→分瓣→切蒂→脱皮→清洗→切片→漂洗→脱臭→漂洗→预处理→真空干燥→调香→冷却→分级→称重→包装

三、操作要点

1. 选料

挑选鳞茎成熟、清洁、干燥、外衣完整、无虫蛀、无霉烂及无发热变质现象、蒜内洁白、辛辣味足的蒜头。

2. 分辨、切蒂

经验收合格的蒜头，先用切蒂机切除蒜蒂，然后分瓣。

3. 脱皮

将蒜瓣倒入由无机溶剂和表面活性物质等按照一定比例配制而成的去皮剂溶液中，在20～30℃温度下浸泡3～4分钟，捞出，以清水漂洗。

4. 切片

经清洗干净、脱去外膜的蒜瓣，带水用切片机切片，切片厚度为2.0毫米左右，厚薄均匀，平整，表面光洁，无三角片。

5. 脱臭

将蒜片倒入由有机酸、环糊精和氯化镁等按照一定比例配制而成的脱臭剂溶液，50℃浸泡3小时，捞出，再以清水漂洗。

6. 预处理

包括护色、硬化、调香等过程。目的是防变，增强组织强度，阻止蒜片变形，改善蒜片的风味，提高产品质量等。在贮糖罐中配制30%的蜜液，添加一定量的氯化钠、柠檬酸、钙镁盐、甘草浸膏、丁香等调香物质，并加入0.05%的苯甲酸钠，混合后经胶体磨处理，然后将脱臭蒜片放入真空浸渍罐内，密闭抽空至0.09兆帕后，打开糖液开关，喷入蜜液，维持15分钟，充气40分钟进行真空处理。

7. 真空烘干

在香脆蒜片加工中，真空烘干是决定产品质量的关键，而在真空烘干工艺中，影响产品质量的因素有：真空度、温度、时间及蒜片厚度等。在蒜片厚度一定时，真空度影响最大，它直接影响产品的酥脆度。真空度愈高，产品愈酥脆，而且干燥时间愈短。而真空度高低取决于真空泵的性能。在控制真空度为0.096兆帕，温度为30～40℃，进行真空烘干，干燥时间约2小时，所得产品酥脆度好，大蒜素和氨基酸的保存率高，仅次于冷冻干燥蒜片，且色、香、味及组织结构与冻干蒜片相当。

8. 调香

用调味机给烘制好的蒜片喷洒不同的香味物质，以得到不同香味的香脆蒜片。

9. 分级包装

调香后的蒜片经冷却后，分级、称重包装，用复合塑料薄膜进行真空充气包装。

四、质量标准

1. 感官指标

色泽：白色至奶油色。

风味：蜜香味，无臭味，留有蒜香味，无异味。

形状：片状或圈状。

组织结构：多孔质结构。

2. 理化指标

水分≤3%；总灰分≤5.5%；总糖≤20%。

3. 卫生指标

细菌总数≤750 个/克；大肠杆菌≤30 个/克；致病菌不得检出。

第五节　果味糖蒜脯的加工

一、工艺流程

选料→漂烫→低温烘烤→果汁糖煮→二次烘烤→筛选包装

二、操作要点

1. 选料

选用肉质洁白，辛辣味足，无虫蛀、无霉烂、无发芽、无发热变质的大蒜，剥去皮膜及蒜蒂后，放在透气的容器内备用。

2. 漂烫

将备用蒜粒放进竹篓中，用清水漂洗，以除去附着在蒜粒上的膜衣及其他异物。然后按茶汁：大蒜＝1：3 的比例煮沸 5 分钟左右，立即捞出沥水，适当晾晒。此时要特别注意防止虫蝇叮咬。用一般的粗茶叶制备茶汁，按茶叶：沸水＝1：170 的比例浸泡 1～2 小时，过滤即可。

3. 低温烘烤

将漂烫好的蒜粒放进烘房烘烤，以增加蒜粒的韧性，温度控制在 60℃左右，烘烤 20 分钟即可。

4. 果汁糖煮

以上处理过的蒜粒，用橘子汁、芒果汁、苹果汁、柠檬汁或其他果汁加 20％的白砂糖蒸煮，果汁液与蒜粒的比例以蒜粒能被浸没为宜。先将果汁煮沸，再投进蒜粒，煮沸 5 分钟即可。捞起后糖浸 12～24 小时，再投进果汁中进行 2 次糖煮，煮沸 5 分钟即可；继续糖浸 8～12 小时。经这样处理的大蒜，不仅可完全去掉蒜臭，而且不失营养，别具水果风味。

5. 二次烘烤

将糖浸后的蒜粒捞出来，投进烘房在 60℃下烘烤 12～18 小时即可。

6. 筛选包装

将制得的果味糖蒜脯按大小、色泽分类，剔除不合格的碎蒜，用塑料食品袋密封包装即可出售。

第六节　新型大蒜蜜脯的加工

一、原辅料

干大蒜、蜂蜜、蔗糖、柠檬酸、食盐。

二、工艺流程

大蒜→分瓣→分级→脱臭处理→去皮→漂洗→煮制→常温渗糖→沥糖→烘烤→包装→贮藏

三、操作要点

1. 大蒜原料

选用皮薄、瓣肥、无霉烂、未发芽之干大蒜。

2. 分瓣、分级

手工分瓣，按蒜瓣大小分级。

3. 脱臭处理

配制 pH 为 4.5 的柠檬酸溶液，向溶液中加 NaCl，使 NaCl 浓度为 2.5％，然后加热该溶液使其沸腾。向溶液中加入未脱皮的蒜瓣。溶液量：蒜重＝2∶1，继续煮沸 10 分钟，迅速捞出，放入冷水中。

4. 去皮

手工剥去外皮，同时除去内衣。

5. 煮制

将去皮大蒜瓣放入锅中，加入占蒜瓣重 1/3 的水煮沸，加糖，大蒜∶糖＝1∶0.5。为便于渗糖，采取分次加糖法。先加入少量糖，待煮沸后，再二次加糖，加糖量可依次增多，分 4～5 次加完。然后加入蜂蜜，加入量占大蒜重 20％。继续煮制，至大蒜呈现透明状，蒜瓣饱满为止。

6. 常温渗糖

将煮制好的蒜瓣连同糖浆一起倒入盆中，在常温下放置 20 小时，以便于糖继续向蒜内渗透。

7. 沥干

将蒜瓣从糖浆中捡出，放在竹筛上，沥干。

8. 烘烤

将煮制好的大蒜摆放在磁盘中，放到烘箱中烘制。烘箱温度在 60～70℃，烘 5 小时左右，至蒜瓣不沾手为止。

9. 包装

用真空包装机进行装袋包装，每袋净重 75 克。

10. 贮藏

在室温下贮藏，一年不变质。

四、质量标准

1. 感官指标

色泽：棕黄无杂色，半透明状。

组织与形态：保持蒜瓣形状，有韧性，久置无返砂，不吸潮。

滋味及气味：略有大蒜味，但无生蒜的蒜臭味，在口中无残留，香甜适口，无异味。

2. 卫生指标

大肠菌群：每 100 克不超过 30 个。

致病菌：不得检出。

3. 理化指标

含糖量：45％～48％；

含水量：低于 20％；

重金属含量：每千克制品中，铅不超过 1 毫克，砷不超过 0.05 毫克。

4. 保质期

常温放置 12 个月。

第七节　蒜薹脯的加工

一、概述

利用冬虫夏草与糖液共煮，再用糖液制蒜薹脯，将冬虫夏草的滋补成分溶于蒜薹脯中，充分发挥其滋补之功效。同时利用蒜脯口感柔韧鲜美之优点，制成一种消闲保健食品，适于儿童和各类人群食用。

冬虫夏草为麦角菌科植物，味甘性平，富含蛋白质、冬虫草菌素、冬虫草酸等，是珍贵的中草药和滋补品，与人参、鹿茸齐名。

蒜薹营养丰富全面，每100克含维生素 B_1 0.14毫克、维生素 C 42毫克、粗纤维1.8克、胡萝卜素0.2毫克，鲜炒清脆可口，制脯美味悠长。

二、原料与配方

蒜薹：40千克；糖：65千克；水：25千克；冬虫夏草：1千克。

三、工艺流程

冬虫夏草→选择→清洗→切碎→糖煮→过滤→糖液（备用）→蒜薹→选择→清洗→切分→烫漂→硬化→护色→除蒜臭→糖制→沥糖→烘烤→检验→包装→成品

四、操作要点

1. 原料的选择

蒜薹应选择粗细均匀，品质脆嫩，颜色鲜绿的；冬虫夏草选择褐色，无污染、无机械伤害的产品。

2. 清洗

用清水冲洗蒜薹2～3次，洗去污物与泥沙，再用0.05%高锰酸钾溶液洗去残留农药，最后用清水冲洗2～3次。用30℃左右的温水冲洗冬虫夏草2～3次。

3. 切分

用不锈钢刀将蒜薹切成3～4厘米长的小段，去除尖部。将冬虫夏草切成小碎块，以利于糖煮时溶出有效成分。

4. 烫漂

即杀青，将切好的蒜薹放入沸水中1分钟左右，使蒜薹中的酶失活，同时驱除组织中的空气，使颜色更鲜绿，然后迅速捞出放入冷水中冷却。

5. 硬化、护色

预先配制 0.05％氯化钙溶液，同时放入 $200×10^{-6}$ 的葡萄糖酸锌护色剂，以物理方法完成锌镁离子交换，使蒜薹保持鲜绿色。配制好后，将冷却的蒜薹放入，浸泡 14 小时，然后捞出，用清水冲洗，除去表面盐分，沥干。

6. 除蒜臭

将 500 克茶放入 10 升水中煮制 5 分钟，浸泡 10 分钟，过滤，将沥干后的蒜薹放入滤液中浸泡 4～5 小时，捞出，用清水冲洗，沥干，可有效防止在贮存中产生的蒜臭味。

7. 制糖液

将冬虫夏草 1 千克浸入 25 千克冷水中 12 小时，然后煮制 1 小时，用纱布过滤后加入糖配制成 45％的糖液备用。

8. 糖制

采用真空糖煮法，将糖液放入容器中（槽车），同时加入处理好的蒜薹，推入真空室，关闭真空室，抽真空至 86.6～93.3 千帕，然后加热至沸腾，在此过程中不断地抽出以保持真空度，直至糖液浓度至 60％时结束。此方法可以加速糖煮过程，降低糖煮温度，最大限度地保持产品原有的风味、色泽。煮制结束后，再加入 $200×10^{-6}$ 葡萄糖酸锌为护色液进行护色，浸泡 8～12 小时，捞出沥干。

9. 烘烤

将沥干后的原料，均匀摆放在烘盘或竹篦上，在 50～60℃条件下烘烤 20～25 小时，使含水量达 20％左右为止。

10. 检验包装

将烘烤完的产品检验，分级，然后真空包装，即为成品。

五、质标标准

1. 感官指标

色泽：产品为较新鲜的绿色，均匀一致。

组织状态：半透明状且柔软有弹性。

风味：香甜可口，带蒜的清香和特有风味，无其他异味。

2. 理化指标

含糖量：60%～65%。

含水：20%左右。

3. 卫生指标

无致病菌，细菌指标符合国家检验标准。

第八节　蒜米的加工

一、概述

翡翠蒜米，晶莹透明，咸甜脆嫩，风味独特，是深受人们喜爱的营养保健菜肴。近几年来，不仅国内市场销量很大，而且在日本、新加坡等市场上也颇为畅销。加工翡翠蒜米，既可为原料广泛的大蒜在国内外市场找到出路，又可以通过简单的加工使大蒜这一普通农产品增值。

二、操作要点

1. 选择原料

用于加工翡翠蒜米的大蒜要成熟，干燥，清洁，有完整的外衣，无虫蛀、霉烂、发热和变质现象，并剔除个头过小的蒜头和独头蒜。

2. 分瓣浸泡

人工散瓣，剔除外衣，用清水浸泡 12 小时，并注意适时换水。

3. 丢衣漂洗

浸泡后的蒜瓣，其蒜皮湿润膨胀，可用手工和工具除掉蒜蒂，剥去外衣和附着在蒜米上的透明蒜膜，注意不伤及蒜肉。

4. 蒜米分级

按蒜米颗粒的大小进行分级：一级为 200～300 粒/千克，二级为 300～450 粒/千克，三级为 450～600 粒/千克。

5. 烫漂冷却

分级后进行烫漂，烫漂时间过长或过短，都会影响产品的颜色、光泽和脆度，通常烫漂液的配方为：清水 100 千克，柠檬酸 50 克，明矾 15～100 克，烫漂温度 95℃左右，烫漂时间以用肉眼观察见蒜蒂处停止冒小气泡为宜。烫漂好后要立即出锅，倒入清水中冷却和漂洗。

6. 盐水腌渍

将漂洗冷却后的蒜米捞起滤干，先用波美 7 度的盐水腌渍 24 小时；然后再加盐水将浓度调至波美 11 度腌渍 24 小时；同样再加盐将盐水浓度调至波美 15 度，腌渍 48 小时。最后加盐将浓度调至波美 22 度，腌渍不少于 15 天。当盐水浓度降低时应注意及时加盐，保持稳定的盐水浓度。

7. 适当整理

经过腌制的蒜米，出缸后应按级别标准包装，在包前应剔除变色、虫斑、伤痕和有缺陷蒜米。

8. 配汤包装

先配制波美 28 度的盐水，煮沸后过滤冷却，再加入 0.35％柠檬酸、0.05％六偏磷酸纳和 0.03％明矾，汤液 pH2.5～3。将蒜米分级定量装袋（或装桶）并注入适量配好的汤汁后，进行密封即可。

第九节　蒜蓉的加工

一、概述

长期以来，人们多以食用鲜蒜为主，还有少量是采用糖、酸、盐腌渍的制品，在腌渍过程中出褐变且失去蒜香味。通过将大蒜加工成白色蒜蓉，用鲜蒜制得蒜渣和蒜酶沉淀物的混合物，将白色蒜蓉与蒜渣和蒜酶沉淀物按比例混匀后，再加入调味料即可。

二、工艺流程

大蒜→剥皮→热烫→冷却→腌制→脱盐→粉碎→研细→白色蒜茸

鲜蒜→剥皮→加水粉碎→　　　　　　上清液

蒜渣　　　　　→ 离心分离

压滤　　　　　　　　　蒜酶沉淀物

上清液 → 调 pH

白色蒜茸、蒜渣＋蒜酶沉淀物→混匀→调味→脱气→真空封装

三、操作要点

（1）大蒜取紫皮或白皮蒜，去掉内外皮。

（2）热烫：在95～100℃热水中浸泡2分钟。

（3）腌制：蒜粒经热烫用冷水冷却至室温后于波美20度盐水中浸泡，加入少许白矾，浸泡7～10天，达到钝化酶及保脆效果。

（4）脱盐：用自来水浸泡24小时，中间换1～2次水，使蒜粒含盐量在8%～10%。

（5）用万能粉碎机将蒜粒粉碎。

（6）用胶体磨研细成粥状。

（7）蒜渣和蒜酶沉淀物的混合物制备。将鲜蒜去皮，按蒜与水重量比1:2加水，粉碎后，以滤布压滤，蒜渣备用，上清液用醋酸调节pH至3.0～3.5，离心分离，滤去上清液，制得蒜酶沉淀物，将蒜渣与蒜酶沉淀物按重量比1:1混匀。

（8）调味：将白色蒜蓉与蒜渣、蒜酶沉淀物的混合物按重量比20:1，混合均匀，再加入调味料。

（9）脱气包装：用脱气缸脱气后，可采用袋装或瓶装。

本技术以热烫及腌制使大蒜脱臭、钝化酶及保脆，取鲜蒜加水粉碎调节pH制取蒜酶沉淀物，白色蒜蓉中加入蒜酶沉淀物及鲜蒜渣后，不再发生褐变、绿变，制成的蒜蓉呈乳白色，并具有浓郁的天然蒜香味，食用方便，可较长时间保存。

第十节　蒜酒的加工

一、原料的选择及米糠的处理

以无虫蚀、无病变的优质白皮大蒜为原料，剥去表皮；将米糠用温火焙炒，使之慢慢变黄，随即成淡褐色，在其散发出强烈芳香味而呈深褐色时停止加热。

二、制取过程

在500克脱皮大蒜中加入145克处理好的米糠，充分搅匀，在蒸煮锅中蒸煮 30 分钟，使大蒜变软，之后加入 50～80 克的茶叶粉，混匀捣碎，置于密闭容器中，加入 40～60 度的白酒 3～4 升，密封后室温存放 2～3 个月，使有效成分溶于酒中。

三、酒液的提取

将容器的浸出液过滤后，滤渣再压榨，取酒与滤液混合进行二次过滤，滤液即为制得蒜酒。

成品要求：酒体醇厚，清澈透明，无蒜臭味，酒香浓郁。

第十一节　蒜蓉果茶的加工

一、工艺流程

（1）大蒜→去蒂脱皮→清洗→灭酶

（2）胡萝卜→清洗去皮→清洗软化

（3）山楂→清洗→破碎→软化

打浆→配料→胶磨→均质→脱气，杀菌灌装→冷却→打印→贴标→装箱

二、操作要点

（一）大蒜的处理

原料蒜要求成熟、无虫蛀、无霉烂等变质现象。用不锈钢刀去蒂、分瓣，用流动水清洗掉表层脏物，在 2.5％食盐水中浸泡蒜瓣 1 小时后，用脱皮机去皮。脱皮后的大蒜用流动水冲洗掉内皮及杂物，挑拣出带皮和带斑点的蒜瓣，然后进行漂烫。

漂烫的主要目的是杀灭蒜中的酶活性，以防止蒜褐变，并脱除蒜臭味。漂烫液中加入 25％的食盐，用柠檬酸调 pH 至 4.0，水与蒜瓣的比例为 2∶1，控制水温 90～95℃，漂烫 2～4 小时，漂烫时要不停地搅拌。漂烫后立即用流动水冷却，冷透后沥干水分，进行打浆。

（二）山楂的处理

将山楂原料剔除病果、烂果、不成熟果及枝叶等杂质，用水清洗。将

鲜果破碎成 2～4 瓣，按水与山楂的比例为 1∶1 进行软化，使其温度迅速升至 95℃，软化时间 20～30 分钟，即可打浆。采用刮板式打浆机打浆两次，先采用大孔径去掉果核、果梗和皮等不可食部分，后用小孔径细化。

（三）胡萝卜的处理

选择胡萝卜素含量高、成熟适度、表皮及根肉呈鲜红色或橙红色的品种。先用流动水充分洗涤，去掉表皮的泥沙、杂质及残留农药。采用碱液去皮，碱液浓度 6%、温度 95～100℃、时间 2～4 小时，立即用流动水冲洗，以洗掉表皮，不得残留碱液。将胡萝卜切成 2～3 毫米的均匀薄片，加入沸水中软化，胡萝卜与水的比例为 1∶1，软化时加入 0.1% 柠檬酸以护色。

（四）配料

在调配缸中分别加入大蒜浆 8 克、胡萝卜浆 10 克、山楂浆 22 克、蜂蜜 2 克、白砂糖 5 克、柠檬酸 0.3 克、复合稳定剂 0.3 克、环糊精 0.2 克、软化水 52 克，搅拌均匀即可。

（五）胶磨、均质和脱气

将配好的原料在胶体磨中研成微粒化的混合浆，浆粒粒度为 0.2。在 20～25 兆帕的压力下均质，以达到组织均匀细腻的目的。在 0.07～0.09 兆帕的压力和 40～45℃的温度条件下真空脱气 15～20 分钟。

（六）杀菌、灌装和封口

浆液采用管式杀菌器进行瞬时灭菌。将温度迅速加热到 100℃，维持 40～50 分钟，趁热灌进玻璃瓶中，用真空封口机进行封口，平放 3～5 小时，分段冷却至 37℃，然后进行打印、贴标和装箱。

第十二节　软包装蒜瓣的加工

一、选料

挑选色泽均匀，颗粒饱满的整蒜瓣为原料，要求其长度 3.5 厘米，宽度 2 厘米，并剔除霉烂、空壳、虫蛀等次品。

二、剥皮

切除整蒜根部的蒂及根，为保持色泽，最好用不锈钢刀具。然后投入剥皮机，经摩擦搅动脱除外层表皮。对不易去掉的内层薄膜，留待盐液浸泡后漂清时脱尽。

三、清洗

将去皮蒜瓣用净水淘洗两遍，除掉杂质、根须、表皮及剥皮机搅动产生的碎瓣。为加强综合利用，碎瓣可作为蒜泥的原料。

四、浸腌

净蒜瓣沥干水分即进行腌制。腌制时间随环境温度而定，一般 20～30℃条件下，需浸泡两周，每下降 10℃，相应延长一周时间。

五、漂洗

腌过的蒜瓣，取出用清水漂洗 1～2 小时，同时排出发黑软烂的蒜瓣。

六、检测

冲洗后的蒜瓣置于竹筛上沥尽水分，取不同腌制部位的样品化验，要求含盐量 1.5%，醋酸量 0.6%，若蒜瓣个头不一，应划等级分开，以保证产品档次。

七、包装

包装方式是决定产品保质期、外观、运输、携带、使用等效果的重要手段，采用铝箔复合软包装最为适宜。包装时，按标准称取蒜瓣装入袋内。

八、封口

复合袋装入蒜瓣和适量汤汁后，随即送往热封机封装，若此时袋内壁仍有少量汤汁或水汽应擦干后再封。袋口密封宽度一般不低于 0.6 厘米。

九、杀菌

装好的复合袋杀菌时，水温控制在 90～95℃，时间掌握在 30 秒左右，一般采取加压操作，压力以 0.3～0.8 千克/平方厘米为宜。随着杀菌温度的降低，压力可逐步减至常压。

十、保温

经加温加压杀菌，逐渐冷却下来的软包装蒜瓣，取出后擦干即送进温室，在 25～28℃恒温条件下保存一周，即得正品软包装蒜瓣。

第十三节　蜂蜜蒜乳的加工

大蒜能够消炎、杀菌、防治高血压、冠心病，特别是在防治癌症上有一定的疗效。蜂蜜具有滋补强身，促进生长发育、提高免疫力的功能。蜂蜜与大蒜合用，可以消除大蒜产生的臭味，改善大蒜的适口性，同时充分发挥两者的功能。

一、原料配比

蜂蜜：大蒜：蛋黄：芝麻：油＝15：20：5：5：8

二、蜂蜜的初处理

将纯净蜂蜜加适量纯净水煮沸 3～5 分钟，除去沫，得糖度 20%～22% 的蜜汁。

三、大蒜的初处理

选择质地优良的大蒜头，洗净、切蒜蒂、剥皮、除净杂物，晾干表水，然后用破碎机破碎，再用压榨机挤汁并加入适量清洁水。

四、大蒜的脱臭处理

将上述所得的大蒜汁放入清洁的容器内，在 5℃左右的低温条件下静置 100～120 小时进行脱臭处理。然后在此液中加入食用油、豆油、菜油均可，以芝麻油为最好。按上述配比进行混合，再静置 100～120 小时，待溶液分层后，用抽滤机抽滤分离，上层为油，可反复使用 2～3 次后食用、下层为半透明、微黄色的脱臭蒜液。

五、蜂蜜蒜乳的制取

将鸡蛋煮熟，取蛋黄研成末，芝麻用文火焙干至闻到香气时即可，严防烘焦碳化。取出晾凉，研成粉状，将蛋黄粉和芝麻粉混合拌匀，加入经预处理的蜂蜜汁，充分搅拌后，倒入脱臭蒜液中，搅匀后即得蜂蜜蒜乳，装瓶，再加热至121℃条件下灭菌5分钟即成。

第十四节　桂花糖蒜的加工

一、概述

大蒜是人们生活中经常食用的辛辣类蔬菜，具有药用功能。如加工成桂花糖蒜，不仅保持了大蒜原有的营养成分，而且口感脆甜，有桂花香气，能解腥杀菌，增进食欲。

二、操作要点

1. 选料

选择个头均匀、皮白、不裂、不散、无泥、无病的大蒜。

2. 原料处理

蒜头去掉须根，剥去外面两层嫩皮，留2厘米长的蒜梗。用清水浸泡7天，中间换水3次。第1次浸泡3天，以排去浊味及辣味。然后，每隔1天换水1次。第3次换水时，可以放进一块冰，以降低水温，加速排除蒜头残余的辛辣味。泡好后捞出，沥干水分。

3. 盐渍

每4 000克蒜头加盐60克，腌1天，中间翻缸1次。然后捞出晾晒6小时，以用手紧握蒜头不滴水为止，再移到阴凉通风处，勤倒勤翻，盐渍好备用。

4. 糖制

盐渍好的蒜头，装坛糖制。装缸时，1层蒜1层糖。

5. 装坛

一般每装蒜头 4 000 克，拌入桂花 26 克，再倒入预先备好的汤汁（清水 800 克，醋 100 克，盐 60 克）。装好坛后，用无毒塑料薄膜和白布各 1 块，将坛口封好扎紧，置阴凉处，防止受热。每天滚坛 1 次，以加速白糖溶化。每隔 1 天放气 1 次，每次打开封口 6 小时，以排除污浊辛辣味，换进新鲜空气。一般 40 天后即可制成桂花糖蒜。

第十五节　腊八蒜的加工

腊八蒜是传统酱菜，因腌制于腊月初八而得名。其特点是：色绿、酸甜适中，无辛辣味，脆嫩可口，保存期长，一般可食用到新蒜上市以后，蒜汁也是一种很好的调料，调拌各种凉菜，风味独特。

一、工艺流程

大蒜脱皮→去杂→清洗→晾干→装坛腌制→密封存放

二、操作要点

1. 加工方法

在腊月初八前后，将蒜瓣脱皮，剔除虫蛟、腐烂、变质的瓣，用清水洗净晾干，将白糖和食用醋按 1∶5 的比例配制成糖醋液。

2. 腌制方法

将脱皮、洗净、晾干的蒜瓣装入坛中，压实，加入糖醋液，加入量以浸没蒜瓣为宜，密封保存，每隔 7 天晃动 1 次，连晃 3 次，21 天后即可开坛，食用。

第十六节　水晶蒜头的加工

一、削根、去皮

新鲜蒜头用流动清水漂洗、沥干。选择瓣厚、无霉烂、大小适中（约 30 只/千克）的蒜头，削去根须，剥皮，保留最后一层外皮。

二、乳酸种子液制备

5％豆芽汁＋10％番茄汁＋5％马铃薯＋2％蔗糖＋4％食盐＋适量洁净水，混合后灭菌，接种乳酸杆菌，控温 30℃，培养 6 天左右即成。若使用陈坛泡菜水，对成品色泽有一定影响。

三、发酵液制备

去氯水，加 6％盐、4％米酒、3％米醋、少量白糖，煮沸 5～10 分钟，晾至 30℃左右，接种乳酸种子液。

四、装坛

蒜头装坛，轻压，然后将发酵液注入坛中，将蒜头浸泡即可。

五、封坛

一层油纸、一层牛皮纸将坛口封严倒置，静置发酵。

六、发酵

保持室内温度 20～35℃，因为在此温度下，乳酸菌生长旺盛，蒜头成熟快。25～30 天后，水晶蒜头感官指标即可达最佳程度。若再延长发酵时间，乳酸积累增加，蒜头就会变酸、疲软，颜色加深，失去光泽，影响品质。

七、装袋

包装袋事先用 5％过氧化氢浸泡晾干处理。按一次食用量装袋，不宜过多。每袋装两只蒜头为宜，稍微分瓣，摆成梅花状，并加适量汤汁。

八、真空包装

用 0.06～0.08 兆帕的真空压力抽空封口。

九、杀菌

包装后放入杀菌釜中，进行杀菌，在 100℃下处理 8 分钟即可。

第九章

蒜的贮藏技术

第一节　影响大蒜贮藏的因素

新大蒜收获后，仍然继续着在生长期所进行的生命活动陈代谢，但所进行的生命活动不同于生长期：光合作用停止，呼吸作用成为新陈代谢的主导，进行着一系列生理、生化过程。因此，收获后的大蒜仍然是有生命活动的有机体。而且正是因为是活的有机体，才对不良环境和腐败（致病）微生物具有特别的抵抗能力，即具有耐贮性和抗病性，这才得以实现大蒜贮藏的目的。一旦生命活动停止，耐贮性和抗病性也就随之消失，找出大蒜贮藏的影响因素，正是为创造适宜的环境，控制有害微生物的滋长，维持其正常的极缓慢的生命活动，以达到延长贮存期、保持品质、减少损耗的目的。这里将着重从温度、湿度、气体成分三要素组成的综合环境影响来讨论。

一、温度

温度是直接影响大蒜贮藏品质好坏的重要因素之一。这是因为：①温度影响大蒜的各种生理活动；②温度影响微生物活动；③温度影响其他环境因素如湿度等。环境温度的上升对大蒜的呼吸、蒸发、后熟老化、休眠解除等都有加强和促进作用，而且缺氧呼吸比重亦将加大，致病微生物活动加强，缺氧呼吸的加强易导致鳞茎变质腐烂。大蒜在3～20℃范围内，只要生理休眠期已过，便会迅速发芽、长叶，消耗鳞茎中的营养物质，导致鳞茎萎缩、干瘪，食用价值、商品价值大大降低，甚至腐烂。所以，高温对大蒜贮藏是不利的。但是，对于具有致密、坚固的物质外壳大蒜来说，收获后，保持适当的高温（26～35℃），则有利于大蒜叶鞘、鳞茎的充分干燥和植管的萎缩封闭，使大蒜迅速进入休眠状态，有利于贮存。但高温处理结束后，应立即转入适宜的低温低湿环境下贮藏。在一定低温范围内贮藏大蒜，可以抑制病原微生物的滋长，但若温度过低（低于－7℃），其正常的代谢活动被破坏，从而发生低温生理病害，就是我们常说的冻害、冷害。最理想的低温条件应该是能够保证大蒜正常的生理代谢机能为前提，使温度尽量降低。一般大蒜贮藏的温度在－5～5℃，贮藏大蒜最适宜的温度为0℃左右。

贮藏温度应保持恒定，因为温度的波动会导致鳞茎表层凝水（结露），有利于病原微生物滋长，从而可导致腐烂。

二、相对湿度

相对湿度的影响也是大蒜贮藏中极其重要的因素，这不仅是因为相对湿度与温度密切相关，而且高湿环境对致病微生物的繁殖十分有利。特别是大蒜最忌受潮、受湿。若湿度过大，对大蒜的呼吸、蒸发、生理休眠期的解除等都有积极的加强、促进作用，加上致病微生物的活动，就易导致大蒜发芽、生霉、腐烂变质。一般湿度大于80%就不利于大蒜贮藏，最理想的湿度应低于80%，联系温度考虑，大蒜贮藏的理想环境是低温低湿。

三、气体成分

气体成分是大蒜贮藏效果好坏的另一重要因素，除了创造适宜的温度和湿度环境外，还要建立和保持一定的气体组成（二氧化碳、氧气、氮气要有一定的比例），以适应大蒜生理特性的要求。

通常空气中含有的21%氧气和0.03%的二氧化碳，其余为的79%氮气及微量的惰性气体。空气中的氧和二氧化碳的浓度，对大蒜的呼吸强度、发芽抽薹、致病微生物活动等均有很大的影响。所以，适当降低贮藏环境中氧气的含量，或者提高二氧化碳的含量，或者充入氮气等都有抑制大蒜呼吸、阻止发芽抽薹、控制致病微生物繁殖等作用，从而达到贮藏目的。

大蒜贮藏环境中某些刺激性气体如煤烟气、煤油气、汽油气以及由腐烂果蔬释放出的乙烯、乙醇、乙醛等，也会影响大蒜贮藏过程，要设法避开排除这些气体。

四、其他因素

1. 采收时间

采收时间对大蒜的贮藏有重要影响。若早收，叶中养分尚未完全转移到鳞茎，造成鳞茎不成熟，相应的含水量就多，这不仅减产，而且不耐贮藏；若晚收，叶鞘干枯不宜编瓣，如遇雨或高湿环境，蒜皮易变黑、蒜头开裂发生炸瓣现象，给贮藏造成不利影响。一般采收时间是蒜薹收获后20天左右，叶片枯萎，假茎松软为宜。另外，采收中的机械伤害及暴晒暴淋等因素，均有可能导致大蒜耐藏能力的降低，应加以注意。

2. 化学药剂

食品中用的脱氧剂、防腐剂、熏蒸剂等，同样可用于大蒜的贮藏，以提高大蒜的耐贮能力。近年来使用植物激素丁烯二酰肼（代号 M. H）溶液来处理大蒜，可抑制鳞茎在贮藏中的发芽现象。需要注意的是，这些技术的应用，应与温度、湿度等环境因素联系在一起考虑，互相补充，方能收到良好的贮藏效果。

3. 物理因素

利用放射线保藏食品的设想，从发现射线的时候起就已经有了。美国、苏联、加拿大等国在第二次世界大战后就相继进行过辐照食品保鲜试验，并获得成功。之后，许多国家和地区相继正式采用这种技术，我国目前已建成几座大型的食品辐射保藏站，为农作物、食品的贮藏开辟了新的途径。利用辐射技术，可抑制果蔬的发芽、调节果蔬的成熟度、杀死果蔬表层的细菌和虫卵等。大蒜贮藏的主要过程，就是在控制其腐烂变质的前提下，延长其生理休眠期而进入强制休眠期的过程，即抑制发芽的过程。而辐照是目前控制发芽效果最有效的手段。

第二节　大蒜贮藏中常见的病害

在大蒜贮藏中，我们经常看见有的鳞茎呈棉粉状腐烂，有的鳞茎呈干腐状，并失去发芽能力，有的鳞茎被虫蚀，有的发热变质等病状。若不加以控制或挑选剔除，将会扩大蔓延，影响大面积贮存。

导致这些现象，是由于大蒜在贮藏中环境因素未控制恰当，或者有机械性损伤，或者在空气混有致病菌或贮存装置上感染上了青霉菌、镰刀菌及寄生虫卵等而引起的。若感染上青霉菌，起初在鳞茎上出现小病斑，然后逐渐扩展，导致小鳞茎软化，呈海绵状腐烂，其上覆盖有青霉粉状孢子；若感染上镰刀菌，则蒜鳞茎呈干腐状并失去发芽能力。

大蒜在贮藏中常见的病害除了青霉腐、镰刀腐、虫蚀等外，还有灰霉腐、曲霉腐和干腐，其中以青霉腐最为普遍。为了防治大蒜在贮藏中腐烂变质，可采取改变贮存环境条件，贮存温度控制在0℃左右，并保持良好的通风干燥状态；避免出现机械损伤，选择耐贮存的品种，在田间或仓库里喷洒波尔多液等措施，确保腐烂不发生和蔓延。

第三节　简易贮藏

大蒜的保鲜贮藏应从大蒜的生物学特性出发，找到影响大蒜贮藏的因素，给予适宜的贮藏环境，以维持其正常的新陈代谢和自然抵抗力，从而减少大蒜的品质变化和腐烂损失，抑制其发芽，延长休眠期和食用期限，达到保鲜贮藏的目的。目前，在我国农村普遍采用简易贮藏法，如挂藏、架藏等；在大城市和蒜商品生产基地，采用通风库贮藏、辐照贮藏、气调冷库贮藏等。

大蒜的简易贮藏，既不需要特殊复杂的工艺设备，更不需固定的贮存场所。因地制宜，就地取材，工艺简单，费用低廉，是我国目前农村普遍采用的贮存方法。一般有挂藏法、架藏法，因气候的差异有的地方采用堆藏、窖藏等法。若这些传统工艺管理适当，会收到良好的效果。但是简易贮藏却受到自然气候条件的限制，在高寒地区或高温季节难以推广，这是简易贮藏的缺点。我们应从实际出发，不断总结，使之更好地为人民服务。

一、挂藏

大蒜收获后，排放在干燥的地面，在阳光下晒2～4天，使叶鞘、鳞片、鳞茎充分干燥失水，促使蒜头迅速进入休眠期。若有条件，在大蒜收获后稍加晾晒，去掉叶片，使用干燥机或采用自制烘房，温度控制在 30～40℃相对湿度为 50％～60％，进行快速干燥鳞茎而使之进入休眠期。这个过程叫预藏。

干燥后的大蒜，进行挑选，剔除机械损伤、病虫害（这道工序可在干燥前进行）的蒜头。稍晾，叶片变软，然后每个蒜头编成一组，每两组合在一起（切忌打捆），挂在通风良好的屋檐下或厨房内（不宜挂得太密）进行贮存。当然辫好后的蒜头，放入通风库贮存更好。管理上注意勿使蒜头受潮、雨淋，并考虑通风良好。

二、架藏

预藏方式与挂藏一样，编组成辫，只在场地要求上高一些。通常选择通风良好、干燥的室内场地，有通风设备的室内场地更好。室内放置木制或竹制的梯架，架形有台形梯架、锥形梯架等。梯架横隔间距要大，以利空气流通。将辫好的蒜头分岔跨于横隔上，不要过密，贮存初期每隔天上下倒翻一次，并随时剔出腐蒜、病蒜。注意通风，忌受潮湿。如果在通风库内架藏就更理想了。

三、窖藏

贮存窖多数为地下式或半地下式。贮存原理是利用地下温度、湿度受外界条件影响较小的特点，创造一个比较稳定的贮藏环境。此法在我国使用较普遍。特别是在东北等寒冷的地区，窖藏大蒜较为理想。这不仅因为窖址的选择，是土质坚硬、地势高燥的地方，而且窖内的密闭环境稳定，低温低湿。窖的形式多种多样，采用较多的是窑窖、井窖。大蒜在窖内可以散堆，也可以围垛。最好是在窖底铺一层干麦秆或谷壳，然后一层大蒜一层麦秆或谷壳，不要堆得太厚，窖内设置通气孔。有条件的地方，也可利用现有的防空洞或地下室，加以改造，即可贮藏大蒜。特别注意的是窖藏大蒜的窖址一定要选在干燥、地势高、不积水、通风好的地方。窖内温度由窖的深浅决定，要经常清理窖，及时剔出病变烂蒜。

第四节 通风库贮藏

一、通风库贮藏原理、特点

通风库贮藏原理是在良好的隔热建筑和通风设备下，利用库内外温度的差异和昼夜温度的变化，进行通风换气，使库内保持比较稳定适宜的贮藏温度。通风库仍然是依靠自然温度冷却的一种贮藏方式，是在窖藏基础上发展起来的，但又不完全同于窖藏，有自己显著的特点：①有完善的绝热和通风设备，可以人为地控制库内的温湿度，达到贮藏环境的要求。②出入自由，随时取舍，以掌握贮藏情况。③库存量大，适用范围广，不仅适用于大蒜，而且适用于其他果蔬产品。通风库贮藏是我国果蔬产区和销售部门应用最多，贮存量最大的贮藏方式。

二、通风库分类

通风库有地下式、半地下式和地上式三种类型，采用哪种方式，由各地气候环境特点决定。地下式适用于北方寒冷地区；半地下式适于华北、辽南等地区；地上式适用于南方或地下水位较高的地区，如广东、成都等地区。根据建筑材料的不同，通风库又可分为木制、砖木制、砖石制三种贮存库。

根据库与库之间连接方式的不同，又可分为非字型、连接型、联合型三种贮存库。

三、通风库的设计

1. 地址选择

选在地势高燥、地下水位低、通风良好的地方，库位方向为南北走向较好，减少冬季寒风侵袭和夏季阳光直射的影响，并尽量靠近产销地点。

2. 库容设计

库容即库的贮藏量（以吨为单位），要根据贮藏方式、单位面积贮存量、库房有效利用面积等因素来计算。

3. 通风量、通风面积计算

根据每日从库内排出的总热量（日排热量）与每立方米空气能带走的

热量（携带热量）来计算。

4. 进出气口设计

进出气口构造设计原则，是本着库内空气形成一定的对流方向和线路，不能倒流混淆，且有较高的流速。

四、通风库管理

通风库贮藏毕竟是依靠外界冷空气的对流而自然降温的一种贮存方式，所以它受气候的影响比较突出。在气温过高或过低的地区和季节，如果不注意辅以其他措施和设备，就很难久贮大蒜。其他辅助措施是隔热防冻材料的应用，这在建库时就应考虑，通常选择导热系数小、热阻大而且取材容易、价格较低的材料。有条件的可使用聚氨酯泡沫塑料、油毛毡等，无条件的采用锯屑、稻壳、秸秆、刨花等。若外界气温太高，可在进气口处放置冰块。若库内气温太低，可在进气口设置火炉。库内定时抽查大蒜，检验其贮藏情况，并剔出病蒜、腐蒜。大蒜进入通风库前同样需进行预藏，方法同挂藏。总之要使大蒜有理想的贮藏环境，应从多方面着手，控制库内温度、湿度的变化，使其不受外界气候的影响或影响很小。

第五节　冷库贮藏

冷藏即机械制冷贮藏，是在一个适当设计的绝缘建筑中借机械冷凝系统的作用，来降低贮藏环境的温度，使之适合于果蔬保鲜条件的一种贮藏方式，它是果蔬实现安全贮存的一种高级形式。将冷藏库的温度、湿度控制在大蒜贮藏条件最适宜的范围内，对于延长其休眠期、抑制其发芽、阻止病腐等都有很好的效果。特别是在炎热的夏季及我国南方地区，可提供理想的贮藏大蒜环境。但冷藏技术性强、投资大、贮藏成本高。

一、制冷原理、制冷剂

在制冷机的控制下，利用制冷剂在低压下蒸发而变成气体的状态变化，吸收库内环境中的热量，使库内的环境温度降低，从而达到贮藏的目的。选择制冷剂，需根据制冷机的性能和制冷要求确定。一般氨气用于冷冻厂和其他大型制冷装置，氟利昂通常用于冰箱等小型制冷装置。

二、冷藏管理

1. 预冷

在预冷间进行或将大蒜置于阴凉通风处降温，使其温度接近冷藏温度，其目的是为了减轻制冷系统负荷，避免产品入库时产生库内温度大幅波动。若不预冷，则需使冷库的温度由常温逐渐过渡到贮藏温度（0～-2℃）。

2. 入库冷藏

冷库的管理主要是库内温度、湿度的控制和通风的调节。冷库内的温度要保持恒定，库内不同位置要分别放置温度计，保证温度分布均匀。库内空气湿度也要经常测定，保持在的 50%～60% 的相对湿度，若湿度过高，可在墙壁放置吸湿剂（石灰、氯化钙等）。库内通风装置应在设计时解决，若没有，则可在过道上安放电风扇，加强空气流通。

3. 出库

产品出库前应先升温，以缩小库内温度与外界温度的差值，防止蒜鳞茎表层结露。升温速度要慢，缓缓达到室温，并注意通风。

第六节　气调贮藏

气调贮藏，又称 CA 贮藏，是发展很快的一种果蔬贮藏现代化技术。在国外应用十分广泛。它是在适宜的温度下，改变贮存环境的气体成分：增加 CO_2（或 N_2）、降低 O_2 的含量，从而抑制果蔬呼吸、发芽及致病微生物繁殖等作用，使果蔬得以贮藏。气调贮藏适应性强，应用范围广。

一、气调贮藏原理

理论和实践都证明，贮藏环境中的氧、二氧化碳和氮气对果蔬的贮存性能有很大的影响。在一定温度下，适当降低贮藏环境中的氧气含量（降低分压）和提高二氧化碳气体的含量（增加分压），或者充入氮气等不仅可以控制果蔬的呼吸强度，延缓其后熟老化、品质变劣，而且还可以控制果蔬的新陈代谢，抑制发芽抽薹，阻止微生物繁殖。贮藏环境中氧在不低于2%的条件下，愈低抑制发芽效果愈显著，常控制在3.5%～5.5%，大蒜有致密坚韧的保护外壳，能耐受高浓度二氧化碳，当浓度在12%～16%时，大蒜有较好的贮藏效果。

二、气调贮藏方式

气调贮藏方式很多，有自然降氧法、人工气调法、硅橡胶窗气调法。而适应性强、经济简单且又适用于大蒜贮藏的是塑料薄膜帐密封人工气调法。它可以在无制冷设备的常温库、地窖、土窑洞、通风库或机械冷库中得到充分的应用。

塑料帐结构一般用0.2～0.3毫米厚的耐压聚乙烯（或聚氯乙烯）薄膜压成长方形。帐底为整片薄膜，帐顶是黏接成蚊帐形的，两头设有气袖口，四壁设有取机样小孔。帐的容量视需要而定。密封时，在帐底先铺一层塑料底布，再铺一层草帘子或刨花、枕木等，视其需要可在其上安装挂藏或架藏设备，也可堆垛（不宜过大、过密），然后由上到下罩好帐子。帐顶多余部分与帐底卷起后用细沙（或泥土）埋好封严。

三、气调贮藏管理

（1）大蒜入帐前需先预藏，方法同前。

（2）入帐前进行消毒、灭菌，并检查气密性。

（3）帐内气体指标的控制是气调贮藏决定性管理技术。扣帐后每天定时测定帐内 N_2 和 CO_2 的浓度，当帐内 O_2 的浓度低于2%时，打开帐子袖口调氧；当 CO_2 的浓度高于16%时，适量加入消石灰。为了使帐内气体成分均匀，可采用鼓风机进行帐内气体循环。

（4）定期抽查蒜头贮藏情况，若有问题，则加以解决。产品出库时要进行强烈的通风后才能出库。若再配以制冷设备，就更理想了。

第七节　辐照保鲜

辐照贮藏有许多其他贮藏手段无法比拟的优点，各种食品不论液体、固体、干货和生熟，不论何种包装、散装，均可以进行辐照处理。如果用适宜包装材料包装食品后再进行照射处理，就能防止细菌的再污染。辐照贮藏在抑制发芽方面，显得更有效果，是公认的抑制大蒜、马铃薯、洋葱发芽的最有效手段。据联合国食品辐照联合专家委员会统计，目前 31 个国家已有多种辐照食品上市供人食用。1977 年这个专家委员会批准明确规定辐照同加热、冷冻加工一样，都属于物理加工方法，彻底年纠正了把食品辐照视为食品添加剂的概念。我国正式批准了辐照大蒜、花生仁、蘑菇、马铃薯、大米、洋葱的卫生标准。

一、辐照贮藏原理

大蒜与其他物质一样，可以部分或全部吸收辐射能（线）。当大蒜吸收一定剂量射线后，其鳞茎肉体中的水和其他物质在射线的诱发下，处于极不稳定的激发状态，随之便发生分子的电离，产生活性很强的游离基。这些游离基会迅速地由分子内或分子间的反应过程诱发放射化学的各种复杂连锁过程，进而发生稳定的分子振动、重排等变化，而这种已发生变化的分子或离子，又会抑制大蒜生理、生化的物质代谢的各种过程，使细胞内核酸、酶等钝化，达到抑制发芽、延长保存期、延缓后熟等效果。如果辐照的剂量很大时，就会引起细胞和个体的死亡，使大蒜蒜体发软，变成黄酱色，不能达到贮藏目的。

二、辐照源

辐照射线除了有放射性同位素（RI）生出的 α 射线、β 射线、γ 射线以外，还有中子射线、质子射线、电子射线等。这些射线能使物质分子离子化，故又称为电离辐射。用于食品贮藏的，主要是穿透力很强的射线，常用的有 β 射线、γ 射线。γ 射线来自放射性同位素钴（^{60}Co），β 射线由电子加速器产生。^{60}Co 的半衰期长（5.26 年），能在较长时间内不需补充，而且在辐照期间射线强度几乎是恒定的，比较安全可靠，费用相对低一些。

三、辐照方式

辐射方式通常有两种：一是把被辐照的物体固定在辐射台上，人离开辐射室，用机械装置把辐射源（$^{60}C_O$）从水井中提升起来照射，完后把辐射源再放入水井中，然后再将被照射物从辐射室中取出贮藏。二是用机械传送装置取代人工运送被照物品，由传送装置把被照射物送入辐射室进行照射。前种方式简单，但辐照源使用效率低，不连续，速度慢，适于小批量辐射。后一种可连续，也可以间歇照射，辐照源利用率高，速度快，用于大批量照射。

射线辐照设备需配有辐射源（$^{60}C_O$），辐射源贮存设备（贮源水井），辐射源驱动设备，物品的自动运送设备及具有防护屏蔽的照射室等。

四、辐照剂量、效果

辐照剂量有两种：一是照射剂量，二是吸收剂量。

照射剂量是射线在单位质量空气中打出的全部次级电子的能量被全部吸收时，在空气中产生同种离子的总电荷量，它表示辐射线在空气中电离能力的大小，即表示射线能量的大小，单位是伦琴。吸收剂量是表示在任意介质中吸收各种类型电离辐射大小的物理量，即表示被照射物品吸收的能量大小，单位是拉德。抑制大蒜发芽的辐照剂量（吸收剂量），各种资料报道不一样。国外提出的剂量范围是 3 000～12 000 拉德，国内是15 000 拉德，究竟大蒜的辐照剂量多少为最佳？辐照后贮藏期限多长最好？这需要在具体环境中去摸索。因为影响其贮藏的除主要因素辐照剂量外，还有一些次要因素。

辐照贮藏大蒜，除了抑制发芽外，还可以杀虫卵、杀病菌，使食品得以长期保存。总之辐照贮藏对于大蒜鳞茎来说，较其他贮藏方式先进、效果可靠，值得推广。但设备投资大，要求严格，而且辐射源（$^{60}C_O$）不利用也有自然损耗，是其不足之处。

参 考 文 献

［1］林炳芳．果品加工技术［M］．南京：江苏科学技术出版社，1987．

［2］武杰．新型果蔬食品加工工艺与配方［M］．北京：科学技术文献出版社，2001．

［3］武杰．风味食品加工工艺与配方［M］．北京：科学技术文献出版社，2001．

［4］武杰．脱水食品加工工艺与配方［M］．北京：科学技术文献出版社，2002．

［5］王瑞龙．水果加工知识与技术［M］．北京：中国经济出版社，1990．

［6］吉林省科委星火计划处．传统与新型蔬菜制品加工［M］．北京：中国轻工业出版社，2000．

［7］袁惠新，陆振曦，吕季章．食品加工与保藏技术［M］．北京：化学工业出版社，2000．

［8］陈尧菊．葱姜的神奇妙用［M］．上海：上海世界图书出版公司，2000．

［9］康建平．生姜贮藏与加工［M］．北京：金盾出版社，2002．

［10］宋元林，毕思芸，刘东正．大蒜洋葱韭葱栽培新技术［M］．2版．北京：中国农业出版社，2000．

［11］苏保乐．葱姜蒜出口标准与生产技术［M］．北京：金盾出版社，2002．

［12］刘国芬．大蒜栽培与贮藏［M］．北京：金盾出版社，2001．

［13］方继功．酱类制品生产技术［M］．北京：中国轻工业出版社，1997．

［14］单扬．蔬菜实用加工技术［M］．北京：湖南科学技术出版社，1997．

［15］张志勤．果蔬糖制品加工工艺［M］．北京：农业出版社，1992．

［16］王沂，方瑞达．果脯蜜饯及其加工［M］．北京：中国食品出版社，1987．

［17］陈运起，徐坤，刘世琦．中国葱姜蒜产业现状与展望［J］．山东蔬菜，2009（1）．

［18］冯小鹿．做菜巧用葱姜蒜［J］．农村实用技术与信息，2007（4）：47．

［19］黄一．葱姜蒜调味又保健［J］．四川农业科技，2007（6）：61．

［20］于庆满．深化提升"安丘模式"做强做优葱姜蒜产业［J］．农业知识，2011（35）：39-41．

［21］陈运起，徐坤，刘世琦．葱姜蒜优质高效安全生产技术［J］．农业知识，2012（11）：6-7．

［22］高姿．葱姜蒜物尽其用［J］．家庭科技，2012（10）：38-39．

［23］王宜．葱姜蒜怎么吃更健康［N］．健康时报，2009－12．

［24］陈运起，徐坤，刘世琦．葱姜蒜新品种及安全生产关键技术［J］．农业知识，2010（6）．

［25］吕斌．葱姜蒜的神奇药食作用［J］．保健医苑，2009（1）．

［26］洪沛霖．葱姜蒜：我的"岁寒三友"［J］．家庭医药，2009（2）．

［27］姚润丰．我国已成为世界最大的葱姜蒜特色产品出口国［N］．东方城乡报，2007（10）．

［28］吴辉．圆葱贮藏技术［J］．黑龙江科技信息，2009（11）．

［29］李飞．脱水香葱加工技术［J］．食品科技，1994（6）．

［30］王克勤，王学武，何芬．甜酸洋姜加工技术［J］．湖南农业科学，1995（4）．

［31］五味姜加工技术［J］．中小企业科技信息，1995（9）．

［32］孙新华．剁辣椒姜加工简法［J］．农村实用技术与信息，1996（9）．

［33］张存信．种姜贮藏条件的控制与调节［J］．长江蔬菜，1997（6）．

［34］张静，王淑贞，杨娟侠．鲜姜贮藏保鲜技术［J］．保鲜与加工，2002（6）．

［35］袁学军，戴玉淑，王海霞．鲜姜贮藏技术［J］．现代农业，2000（4）．

［36］梁繁荣．洋姜加工技术［J］．中国果菜，2000（1）．

［37］袁学军，戴玉淑，王海霞．鲜姜贮藏技术［J］．中国农村科技，2000（5）．

［38］景铭．冬季常备葱姜蒜［J］．中国果菜，2001（5）．

［39］陆明华．新蒜贮藏五法［J］．农家顾问，2006（3）．

［40］顾建平．糖蒜加工技术［J］．农村新技术，2006（7）．

［41］何辉君．糖醋姜加工工艺［J］．西南科技大学学报（哲学社会科学版），1988（1）．

［42］梁繁荣．洋姜加工技术［J］．科技致富向导，2000（4）．

［43］张平．新蒜贮藏六法［J］．农民文摘，2005（7）．

［44］吕斌．葱姜蒜的神奇药食作用［J］．保健医苑，2009（1）．

［45］司玉芹，郑红玲．甜蒜加工技术［J］．保鲜与加工，2005（5）．

［46］陈运起，徐坤，刘世琦．中国葱姜蒜产业现状与展望［J］．山东蔬菜，2009（1）．

图书在版编目（CIP）数据

葱姜蒜加工与贮藏技术 / 毛晓英，吴庆智著 . —北
京：中国农业出版社，2019.7（2020.1 重印）
ISBN 978 - 7 - 109 - 25649 - 1

Ⅰ.①葱…　Ⅱ.①毛…②吴…　Ⅲ.①葱－蔬菜加工
②姜－蔬菜加工③大蒜－蔬菜加工④葱－贮藏⑤姜－贮藏
⑥大蒜－贮藏　Ⅳ.①S633.09②S632.59

中国版本图书馆 CIP 数据核字（2019）第 131264 号

中国农业出版社

地址：北京市朝阳区麦子店街 18 号楼
邮编：100125
责任编辑：赵　刚
版式设计：王　晨　责任校对：张楚翘
印刷：北京中兴印刷有限公司
版次：2019 年 7 月第 1 版
印次：2020 年 1 月北京第 2 次印刷
发行：新华书店北京发行所
开本：720mm×960mm　1/16
印张：10
字数：146 千字
定价：39.00 元